ruckerei „Steyrermühl" Wien

Pawlik · Slezak: Wagners Werk für Wien

Bahnhof Heiligenstadt.

Große Brücke über die Wienthallinie.

Haltestelle Gumpendorferstraße (Hochbahn).

Ueberbrückung der Wäringerstraße.

Haltestelle Westbahnhof (Tief- und Untergrundbahn).

Zeichnung von A. Kircher, ca. 1903

Hans Peter Pawlik
Josef Otto Slezak

Wagners Werk für Wien

Gesamtkunstwerk Stadtbahn

Verlag Josef Otto Slezak
Wien 1999

Zu den Titelbildern

Unter Architekten aus aller Welt gilt die Station Karlsplatz als bekanntestes Otto-Wagner-Bauwerk der Wiener Stadtbahn. Deren beide charakteristischen Pavillons blieben – gut restauriert – sogar bis auf unsere Tage erhalten, allerdings seit 1978 zweckentfremdet als Ausstellungsraum und Kaffeehaus. Daher gaben wir auf der Titelseite dieses Buches einem Foto vom 20. Mai 1965 (Josef Otto Slezak) den Vorzug. Obwohl vom Zahn der Zeit beeinträchtigt, stand der Bahnhof damals noch widmungsgerecht dem Stadtbahnbetrieb zur Verfügung. Die beiden Stationspavillons unterscheiden sich markant von den übrigen Stadtbahnstationen. Otto Wagner gestaltete sie besonders ausgeprägt, eingebettet in die gesamte Situation mit der Karlskirche und dem geplanten Stadtmuseum. Daher lag sie etwas abseits des Verkehrsstroms (äußere Kärntner Straße–Wiedner Hauptstraße), welchen Nachteil erst der U-Bahn-Bau beseitigte. Er formte dabei allerdings den Karlsplatz zu einem Karlshügel um. – Das Aquarell von Hans Peter Pawlik darunter (1965 gemalt) zeigt die Station Schönbrunn im ursprünglichen Zustand. Die Stationen gestaltete Otto Wagner nicht nur in ausgewogener, gefälliger Architektur, sondern auch optimal fahrgastfreundlich: kurze Wege, übersichtliche Anordnung und niedrige Stufen. Als einziges Stationsgebäude der Stadtbahn erhielt Schönbrunn mit Rücksicht auf das nahe kaiserliche Schloß einen Anstrich in Schönbrunnergelb. – Das charakteristische Otto-Wagner-Gitter der Stadtbahn hat sich über die gesamt österreichisch-ungarische Monarchie ausgebreitet, wir finden es z. B. auch in Linz oder Brünn. Eine Zeitlang in Wien etwas mißachtet, ist es heute wieder so stark geschätzt, daß es sogar in der neuen Station Spittelau (Foto J. O. Slezak, 4. Mai 1996) auftritt.

Die Autoren danken den Herren Dipl.-Ing. Zdeněk Bauer, Hellmuth Figlhuber, Hermann Heless, Harald Herrmann, Manfred Hohn, Ing. Francisco Huschak, Ing. Walter Kramer, Alfred Laula†, Hans Lehnhart, Johannes Möller, Dr. Erich Schlöss und Ing. Peter Wegenstein für die wertvolle Mithilfe.

Bild-Layout: Ilse Slezak und Hans Peter Pawlik

Typographie: Barbara Lebenhofer

Bildtexte: Hans Peter Pawlik und Josef Otto Slezak

Band 44 der Schriftenreihe *Internationales Archiv für Lokomotivgeschichte* (IAL 44)

Dieses Buch enthält 334 Schwarz-Weiß- und 42 Farbbilder sowie 3 Pläne.

ISBN 3-85416-185-9

Druck: Agens-Werk Geyer+Reisser, A-1051 Wien V.

Inhalt

Abkürzungen

GEÖ Geschichte der Eisenbahnen der österreichisch-ungarischen Monarchie, 1898 und 1908
kkStB kaiserlich-königliche österreichische Staatsbahnen (1884–1918)
ÖBB Österreichische Bundesbahnen (seit 1947)
ÖGB Österreichischer Gewerkschaftsbund (seit 1945)
RBD Reichsbahndirektion
SDAP Sozialdemokratische Arbeiterpartei (1888–1934)
SPÖ Sozialistische bzw. sozialdemokratische Partei Österreichs (seit 1945)
SS Schutzstaffel der Nationalsozialistischen Partei
WStB Wiener städtische Straßenbahnen (1902–1942)
WVB Wiener Verkehrsbetriebe (1942–1999)

Otto Wagners Werk im Jahrhundert-Rückblick

Die Alliteration W-W-W- im Buchtitel *Wagners Werk für Wien* bedingt wohl eine Assoziation zum Komponisten Richard Wagner (1813 bis 1883), der seine Texte gern zum Stabreim formte, wie 'Weiche, Wotan!' oder 'Winterstürme wichen dem Wonnemond'[1]. Der Titel dieses Buches bezieht sich aber auf den Architekten Otto Wagner (1841 bis 1918). Seine Stadtbahn schätzen internationale Architekten heute als das größte Gesamtkunstwerk seiner Zeit, ebenso, wie Richard Wagners Werk als Gesamtkunstwerk gilt. Also ist der Zusammenhang gar nicht so weit hergeholt, denn der Begriff Gesamtkunstwerk stammt von Richard Wagner.

Günter Kolb zitiert in seiner Arbeit *Otto Wagner und die Wiener Stadtbahn* (1989) auf Seite 89 aus der Ausschreibung zum Generalregulierungsplan von 1892, wonach Wien ein einheitliches Verkehrsnetz wünscht, das sowohl praktischen Bedürfnissen als auch ästhetischen Anforderungen entspricht. Otto Wagner errang mit seinem Konzept unter den 15 Teilnehmern 1893 einen der beiden ersten Preise. Da die späteren amtlichen Pläne weitgehend auf Otto Wagners Entwürfe zurückgehen, ist ihm nicht nur die Architektur der Stadtbahn zu danken.

Zwischen 1848 und 1891 untersuchte die Stadt Wien 30 Stadtbahnprojekte, alle auf privatwirtschaftlicher Grundlage erstellt. Wir müssen dankbar sein, daß keines davon realisiert worden ist, denn sie alle wären Stückwerk geblieben und hätten vielleicht den Plan von 1893 beeinträchtigt, der großzügigst gestaltet war und erstmals öffentliche Mittel für ein städtisches Verkehrsprojekt vorsah, um private Spekulation auszuschließen.

Im Gegensatz zu den nicht realisierten Stadtbahnprojekten verdient eine auf Verantwortungsbewußtsein, Weitsicht und Sozialengagement fußende technische Großtat im Wien des 19. Jahrhunderts höchste Aufmerksamkeit, der Bau der 100 Kilometer langen Hochquellenleitung aus dem Schneeberggebiet nach Wien entsprechend den Plänen von Eduard Suess (1831–1914), die Vizebürgermeister Cajetan Felder gefördert und der Gemeinderat 1866 mit nur zwei Gegenstimmen beschlossen hatte. Hauptargument für dieses Bauwerk war die katastrophale Wasserversorgung Wiens aus weitgehend verseuchten Brunnen, mit jährlich über 1000 Todesfällen infolge Ruhr, Cholera oder Typhus (*Wiener Geschichtsblätter*, 1999, Beiheft 3, Seite 7). Ein aktueller Vergleich: Weil Österreich im Jahre 1998 'nur' 1000 Tote im Straßenverkehr zu verzeichnen hatte, brachen Politiker und Journalisten in Jubel aus. Diese Toten ließen sich mit geringeren Kosten vermeiden als sie der Bau einer riesigen Wasserleitung erfordert. Dazu muß aber endlich mehr geschehen als ein 'Gesundbeten der Straßenpest' (SP-Abgeordneter Peter Strasser in der *Arbeiter Zeitung* vom 15. Juni 1960), mit dem man sich bis heute begnügt. Trotz der wiederholten Ankündigung von 'Aktion scharf' hat man von einer solchen nichts bemerkt, und die Zahl der Straßentoten wird 1999 wieder höher sein.

Dieses Buch zeigt, wie Otto Wagners Werk den Wiener Stadtorganismus hinsichtlich Architektur, Bautechnik und Verkehrsorganisation durchdrungen und modernisiert hat und es heute, nach 100 Jahren, noch das Stadtbild prägt. Jede Fotografie aus der Zeit um 1900 mit einer Pferdebahn oder einem Stellwagen auf einer schlammigen Fahrbahn neben einem imposanten Stadtbahnzug in einem eleganten Bahnhof verdeutlicht, daß Otto Wagner und seine Partner den Wiener Stadtverkehr um ein Jahrhundert vorangetrieben haben.

1 Die längste mir bekannte Alliteration bezieht sich übrigens auch auf Wien: Wir Wiener Wäscheweiber wollen weiße Wäsche waschen, wenn wir wüßten, wo warmes Wasser wäre.

Diese Betrachtung erklärt auch, warum Otto Wagners Baustil treffender mit Secessionismus als mit dem Begriff Jugendstil charakterisiert ist, denn die Secession (= Einschnitt, Abspaltung) war jene Wiener Künstlervereinigung, welche um 1900 die Kunst aus dem erstarrten Historismus auf einen modernen Weg geleitet hat. Auf Otto Wagners Baustil im Detail geht dieses Buch nicht ein, weil dazu der Markt derzeit reichlich Literatur anbietet, neben schwergewichtigen Fachbüchern auch solche für den allgemein Interessierten, wie jene von Sheaffer, Schlöss und Kubinszky (siehe Seite 159).

Obwohl dieses Buch nur wenige lokomotivgeschichtliche Details enthält, nahm ich es in die Reihe *Internationales Archiv für Lokomotivgeschichte* (IAL 44) auf, weil vor allem die Fotografien auf den Seiten 141 bis 146 lokomotivgeschichtlich beachtlich sind. Dieser Bildband spricht sowohl Viennensia-Sammler als auch jene Leser an, die sich speziell für Eisenbahngeschichte interessieren. Für sie sind die Texte mit entsprechenden Details angereichert.

Hinsichtlich der Bildauswahl gab ich zeitgenössischen Ansichtskarten und lebendigen Amateurfotografien den Vorzug, und habe die Ansichtskartentexte nur dann wegretuschieren lassen, wenn sie den Bildinhalt stören. Weil meine Leser ungehalten sind, sobald sie Bilder finden, die schon anderswo abgedruckt worden sind, habe ich solche weitgehend vermieden, weise aber – auch in Textstellen – auf entsprechende Quellen hin, was in Sachbüchern durchaus üblich ist und keine Schleichwerbung darstellt.

Dem Titel entsprechend befaßt sich dieses Buch vor allem mit dem Werk Otto Wagners und seiner Zeitgenossen. Auf die elektrische Stadtbahn und auf die U-Bahn gehe ich nur fallweise ein. Den Vorwurf, ich befasse mich vor allem mit Geschichte, lasse ich mir gern gefallen, denn ich finde – und zeige es auch in einigen Beispielen –, sie hat mit der Gegenwart und der Zukunft mehr zu tun als mit der Vergangenheit.

In den Texten stehen Namen von Straßen und Stationen in der Regel entsprechend der heutigen Form (z. B. Friedensbrücke). Eine frühere ist allenfalls in Klammern beigefügt (z. B. 'damals Brigittabrücke').

Während zu Beginn des Jahrhunderts verständige Zeitgenossen wie der damals bedeutendste Kultur- und Kunstkritiker Wiens, Ludwig Hevesi (1842–1910), Otto Wagners Werk durchaus schätzten, genoß es nach seinem Tod (1918) erstaunlicherweise weniger Ansehen, ja ihm begegnete sogar Mißachtung und Gleichgültigkeit. Bezeichnend ist zum Beispiel, daß in dem 1952 erschienenen Jugend-Lexikon *Die Welt von A bis Z* (Österreichischer Bundesverlag in Zusammenarbeit mit Jugend & Volk und anderen) Otto Wagner nicht vorkommt, aber immerhin Ghega (wenn auch mit falschem Geburtsjahr und unzutreffend als Lokomotivbauer bezeichnet), obwohl schon damals unter ernsthaften Architekturhistorikern die Einsicht vorherrschte, daß beide gleichwertige Gesamtkunstwerke (Verbindung der Architektur mit der Natur bzw. der Großstadt) geschaffen haben.

Ein weiteres Beispiel gibt der Lehrer einer 4. Volksschulklasse in Wien ab. Um 1970 fragt er die Schüler nach Namen berühmter Österreicher. Einer nennt Otto Wagner. Der Lehrer meint, den kenne er nicht, das sei kein berühmter Österreicher! Das ist kein Einzelfall. Ich kann mich nicht erinnern, von meinen Lehrern und Professoren jemals den Namen Otto Wagner gehört zu haben. Selbst hochrangigen Kommunalpolitikern war er jahrzehntelang kein Begriff. Sie ließen sogar guterhaltene Otto-Wagner-Bauten (z. B. Station Hietzing) bedenkenlos wegreißen. Erst ein junger Architekt namens Hermann Czech (geboren 1936) hat in einem vielbeachteten Artikel *Die Stadtbahn wird unterschätzt* in der *Furche* Nr. 20/1963, Seite 9, die Problematik publik gemacht.

Selbst in intellektuellen Kreisen, die Otto Wagners Werk kennen müßten, ist er heute viel zu wenig bekannt. So liest man mit Staunen, daß Madeleine Petrovic in Ihrem Buch *Der Wiener Gürtel,* das im Juni 1998 erschienen ist und dessen Thema mit Otto Wagners Werk verknüpft ist, auf Seite 47 das Postsparkassengebäude, welches Fremdenführer und Architekten noch eher als Otto Wagners markantestes Werk ansehen, Adolf Loos zuschreibt! Hat sie auf den 500-Schilling-Scheinen mit dem Bildnis Otto Wagners (1985 bis 1998, siehe Seite 68) nie auf der Rückseite das Postsparkassengebäude als dessen Werk gesehen? Keine(r) ihrer sieben Mitautor/innen und keine(r) der beiden Lektoren/innen des Brandstätter-Verlags hat diesen Fehler bemerkt.

Damit sind wir beim Anlaß dieses Buches, dem Jahr 1998 mit dem 100-Jahr-Jubiläum der Stadtbahn-Eröffnung, angelangt. In jenem Jahr gab die österreichische Post auf Anregung lokaler geschichtsbewußter Initiativen drei Marken zum 100-Jahr-Jubiläum von Eisenbahnen heraus: Pinzgauer Lokalbahn, Ybbstalbahn und Pöstlingbergbahn. Dagegen hat kein Wiener Kulturfunktionär die Post angeregt, zum 100-Jahr-Jubiläum der Stadtbahn eine Sondermarke herauszugeben, obwohl immerhin die Wiener Stadtplanung und das Architekturzentrum Wien in der 2. Auflage (1998) des Buches *Architektur Wien – 500 Bauten* schrieb: *Die Stadtbahn gehört in gestalterischer, urbaner, technischer und funktioneller Hinsicht zu einem der komplexesten Gebäude, welches die Stadtgestalt prägt.*

Weil bereits zum 75-Jahr- und zum 90-Jahr-Jubiläum der Wiener Stadtbahn umfassend historische Abhandlungen erschienen sind, wollte ich zum 100-Jahr-Jubiläum einen ergänzenden Bildband herausbringen. Davon nahm ich aber Abstand, als sich herumgesprochen hatte, daß die WVB eine Publikation vorbereiten. Diese beschränkte sich aber auf 48 Seiten mit einer trockenen Aufzählung zur Geschichte. Auch die Artikel zum 100-Jahr-Jubiläum entbehrten einer Würdigung der Arbeit der Stadtbahnbauer und verunglimpften sie sogar. Nur ein Beispiel: *Täglich alles* vom 6. Juni 1998 schrieb auf Seite 15: *Sie war eine verkehrspolitische Totgeburt.* Dem mußte ich natürlich eine sachgerechte Publikation entgegenstellen, welche die vorliegenden Abhandlungen vor allem in drei Punkten ergänzt: die Stadtbahn als *ein Gebäude, das durch die ganze Stadt reicht und die Bebauungsstruktur der Großstadt vollendet,* wie Hermann Czech in Heft 1/1971 der *Protokolle* auf Seite 182 treffend schrieb, ihr in der bisherigen Sekundär-Literatur unerwähnter Güterverkehr und der gewaltige Unterschied zwischen der Planung als einheitliches, in die Region ausstrahlendes Verkehrsnetz, gegen das jetzige Umsteig-Labyrinth.

Zum Schluß in diesem Jahrhundert-Rückblick sei noch darauf hingewiesen, daß Otto Wagner nicht den Titel *Ehrenbürger von Wien,* den die Stadt seit 1797 verleiht, zugesprochen erhielt. Damit befindet er sich immerhin in 'guter' Gesellschaft mit den Herren Beethoven, Schubert und Karl Kraus, der übrigens einmal schrieb, es sei ihm die größte Ehre, keine offizielle Ehrung erhalten zu haben. Jenen Wiener, der beitrug, die verwahrlosten Bereiche um den Linienwall zu einer Prachtstraße umzugestalten, hielten also die Wiener Gemeindeväter dieser Auszeichnung nicht für würdig. Wohl aber jene (Jonas und Slavik), die nichts dagegen unternahmen, diese Prachtstraße zu einer Verkehrshölle verkommen zu lassen. Vielleicht könnte unsere Zeit eine Wiedergutmachung leisten, indem die UNESCO Otto Wagners Stadtbahn in die Liste der Welt-Kulturerben aufnimmt. Die Planung und der Bau der Stadtbahn vor 100 Jahren war die größte verkehrstechnische Leistung in der gesamten Geschichte Wiens, begleitet von einer weltweit einmaligen künstlerischen Form städtischer Architektur.

Vom Gesamtkunstwerk Stadtbahn zum Umsteig-Labyrinth U4-U6-S45

Die konkreten Daten zum Bau der Wiener Stadtbahnen seien hier nur kurz zusammengefaßt, weil sie schon mehrmals in der Literatur der letzten Jahre publiziert worden sind. Nach dem Fall der Stadtmauern (1857 beschlossen) und des Linienwalls (1890/2 infolge der Eingemeindung der Vororte) war Wien reif für eine umfassende Neugestaltung des öffentlichen Verkehrs (Stadtbahn), den es mit der Wienfluß-Regulierung und dem Ausbau des Donaukanals zu einem stadtnahen hochwassergeschützen Handelshafen (Sperrwerk Nußdorf) verbunden hat. Am 12. Juli 1892 übertrug ein Gesetz diese Arbeiten einer *Commission für Verkehrsanlagen in Wien*, in welcher der Staat, das Land Niederösterreich und die Stadt Wien gemeinsam agierten. Deren Aufgabenbereiche umreißt eine Informationsschrift zur Eröffnung der Wiener Stadtbahn am 9. Mai 1898 auf Seite 5 mit folgenden Worten. *Die Projektirung der Wiener Stadtbahn erfolgte von dem Gesichtspunkt aus, dass dieselbe nicht allein dazu bestimmt sei, den internen Personenverkehr zwischen den einzelnen Stadtbezirken zu vermitteln, sondern dass ein wesentlicher Zweck derselben auch darin bestehen soll, den directen Verkehr aus dem Weichbilde der Stadt nach den entfernten Vororten und Sommerfrischen zu ermöglichen; ausserdem hat sie der Approvisionirung der Stadt und, soweit es der Localverkehr für die Personenbeförderung zulässt, auch dem Transit von Gütern zu dienen.*

Die Vorarbeiten schritten so rasch voran, daß bereits am 7. Dezember 1892 der Erste Spatenstich vollzogen wurde und Ende Dezember 1892 Karl Gölsdorf eine speziell für die Stadtbahn geeignete Lokomotive konstruierte (Siehe Seite 141). Die Bauarbeiten an der Stadtbahn selbst begannen am 16. Februar 1893 und erstreckten sich auf folgende Linien mit 39,08 km Gesamtlänge.

Erster Betriebstag		Streckenlänge
11. 5. 1898	Heiligenstadt–Penzing (Vorortelinie, eingleisig)	9,95 km
1. 6. 1898	Heiligenstadt–Gürtel–Hütteldorf	14,78 km
1. 6. 1898	Heiligenstadt–Brigittenau	1,36 km
26. 5. 1899	Zweites Gleis der Vorortelinie	–
30. 6. 1899	Meidling–Hauptzollamt	5,88 km
6. 8. 1901	Hauptzollamt–Heiligenstadt	5,88 km
6. 8. 1901	Friedensbrücke–Nußdorfer Straße	1,23 km

Am 9. Mai 1898 eröffnete Kaiser Franz Josef im Rahmen eines großangelegten Festakts die Stadtbahn im Bahnhof Michelbeuern (Fotos in *90 Jahre Stadtbahn* auf Seite 57 und 58). Sein Hofzug fuhr über die Gürtellinie nach Heiligenstadt, und weiter auf der Vorortelinie bis Hütteldorf. Von dort ging's über die Obere Wientallinie und über den Gürtel zur Station Alser Straße, wo der Kaiser den Hofzug verließ. Obwohl diese 'Eröffnung' auf der Gürtellinie begann, nahm die kkStB, welcher der Betrieb der Stadtbahn oblag, am 11. Mai 1898 den allgemeinen Verkehr bloß auf der Vorortelinie auf, auf der Gürtellinie selbst erst am 1. Juni 1898. Das Datum auf der Tafel in der Station Alser Straße (siehe Seite 55) bedarf dieser Ergänzung.

Schon im April 1894 bestellte die Commission Otto Wagner als künstlerischen Beirat. Er hat die Stationen hinsichtlich Architektur und Benützerfreundlichkeit (übersichtliche Wege, geringe Stufenhöhe, geschützte Warteräume) zusammen mit den Streckenbauten optimal gestaltet, worauf die Bildtexte mehrmals hinweisen. Es gelang ihm, eine Stadtbahn nicht nur als Verkehrsweg, sondern als Gesamtkunstwerk zu errichten. *Mit einem Bauwerk, das durch die ganze Stadt reicht, gab er dem Häusermeer den Adel einer Vision* (Hermann Czech). Das traf sich günstig mit der Absicht von Handelsminister Graf Wurmbrand, mit der Stadtbahn die Stellung Wiens als internationale Metropole und als weltaufgeschlossene Residenz zu betonen. Auch der Eisenbahnminister Heinrich Ritter von Wittek und der Baudirektor Friedrich Bischoff Edler von Klammstein standen der künstlerischen Gestaltung positiv gegenüber.

Die neuen Stadtbahnstrecken von 39 Kilometern Länge waren 1901, also nach neun Jahren, fertiggestellt. In unserer Zeit hat bloß die Revitalisierung der Vorortelinie (14 km) neun Jahre gedauert.

Heutige Historienschreiber fühlen sich bemüßigt, den Stadtbahnplanern vorzuhalten, sie hätten doch elektrischen Betrieb installieren müssen. An einen solchen dachten die Planer sehr wohl und luden noch vor der Eröffnung Elektrofirmen zu Angeboten ein. Versuchszüge von Siemens & Halske liefen bereits 1901, entsprachen aber nicht den schweren Anforderungen. Außerdem gingen die Planer unbeirrbar davon aus, das Umland durch das Weiterführen der Stadtbahnzüge einzubeziehen (siehe Seite 9). Das war damals ausschließlich mit Dampflokomotiven möglich. Auch das elektrische System von Křižik (siehe Seite 151) und der Versuch mit Triebwagen (siehe Seite 146) brachten nicht den gewünschten Erfolg.

Beachtlich ist der Hinweis auf Güterverkehr in der Schrift zur Eröffnung (siehe Seite 9). Vor allem sollte Kohle und Baumaterial zugeführt sowie Kehricht und Schnee weggeschafft werden. Das wurde später nicht ganz verwirklicht, aber immerhin meldet ein ministerieller Bericht von 1908, daß auf allen Stadtbahnlinien auch Güterzüge fuhren, auf der Gürtellinie sogar rund 1500 jährlich. In Tonnen schwankte die jährliche Gütermenge zwischen 300.000 und 400.000, wobei der Bericht anmerkt, daß solche Mengen *nur sehr wenige österreichische Lokalbahnen erreichen.*

Die Überlegung der Stadtbahnplaner, von den relativ hoch liegenden Stationen Fracht günstig bergab ins Stadtgebiet bringen zu können (siehe Seite 70 und 139/140), läßt eine Parallele in unsere Tage ziehen. Wirtschaftskreise klagen über die hohen Kosten der Zustellung in die einzelnen Wiener Geschäfte und regen Güterverteilzentren (*Wiener Wirtschaft*, 21. Februar 1997, Seite 10: *Citylogistik in Wien*) an, von denen die Fracht gesammelt und vorsortiert ins Stadtgebiet rollt. Das entspricht genau dem vor 100 Jahren eingerichteten System, das leider in den letzten 50 Jahren weitgehend zerstört wurde. Für die ÖBB ist es zweifellos rationell, sich auf *einen* großen Güterbahnhof zu konzentrieren, der Abtransport belastet aber die städtischen Straßen gigantisch. Selbst die auf Großbauten ausgerichtete Sowjetunion hat Projekte aus den Siebziger Jahren für je einen zentralen Moskauer Güter- und Personenbahnhof nicht realisiert.

Wenn Bürgermeister Michael Häupl heute fordert, den Ausbruch vom Lainzer Tunnel nicht mit Lastkraftwagen sondern auf der Schiene abzutransportieren, so ist das zweifellos ökologisch und stadtgerecht. Er müßte konsequent auch verlangen, die Hauptlast des städtischen Güterverkehrs in mehreren Bahnhöfen (heute: Güterverteilzentren) abzuwickeln. Das würde die Straßen von 4900 Lkw-Fahrten pro Tag entlasten (*Kronen Zeitung*, 20. Oktober 1999, Seite 18). Mit solch einer Aktion fände ein Wiener Bürgermeister unter den Wählern viel Zuspruch, denn selbst Pkw-Fahrer fühlen sich durch die Lkw-Flut bedrängt. Das Güterkonzept der Stadtbahn wollte der Wiener Stadtplaner Roland Rainer sogar auf die U-Bahn übertragen, wie auch der ökolologisch ausgerichtete Stadtplaner Victor Gruen (*Die Presse*, 26. Mai 1972, Seite VI), was allerdings unterblieb, hinsichtlich Abtransport von Kehricht und Schnee aber durchaus denkbar wäre. Zum Bau des Pflegeheims Steinhof (1905/07) kamen alle Ziegel per Bahn vom Wienerberg nach Ottakring und weiter über normalspurige Schleppgleise zu den einzelnen Baustellen. Selbst noch für den Bau der Wohnhausanlage Sandleiten (1924/27) rollte alles Material – ohne städtische Straßen zu belasten – in den Bahnhof Hernals und weiter über ein normalspuriges Anschlußgleis, das eine Fotografie in der Broschüre *Ottakringer Arbeiterkultur* (1982) auf Seite 62 zeigt, auf der auch eine Gleisskizze der 18 Anschlußgleise auf der Vorortelinie (1926) abgedruckt ist. Der letzte Verkehr der Dampfstadtbahn war übrigens ein Güterzug. Am 9. September 1924 holte eine Lokomotive entladene Güterwagen vom Anschlußgleis eines Kohlenhändlers in der Station Michelbeuern ab.

Die ersten Pläne sahen vor, einige Abschnitte der Stadtbahn billiger nach Lokalbahn-Normalien zu bauen. Dieses Vorhaben unterblieb. Alle Strecken erhielten Vollbahn-Charakter, sodaß der Übergang von Zügen auf die Hauptbahn und umgekehrt nicht beeinträchtigt war. Unterblieben ist auch der Bau einer Donaustadt-Linie. Der Name Donaustadt bezog sich damals auf den donaunahen Teil der Brigittenau, durch den eine Stadtbahnlinie weitgehend im Straßenniveau vom Nordbahnhof aus zum Bahnhof Brigittenau führen sollte. Heute trägt der 22. Bezirk den Namen Donaustadt. Nicht gebaut blieb auch ein unterirdisches Streckenkreuz durch die Innere Stadt. Statt eines solchen schlug die Straßenbahndirektion 1910 Straßenbahnlinien durch die Innere Stadt vor, was zweifellos zweckmäßiger gewesen wäre, denn wegen einer Fahrt von zwei Minuten in den Untergrund zu kriechen, hätten sich die meisten überlegt.

Die Stadtbahn begegnete auch dem Vorwurf, sie sei bloß eine Um-die-Stadt-Bahn, weil sie das Stadtzentrum nicht erreicht. Heute finden Stadtplaner gerade solch ein Netz, dessen Hauptstrecken die Kernstadt nur tangential berühren, günstiger, weil es das Umsteigen auf mehrere Knoten verteilt. Auch ist das Umsteigen in Stationen, von wo aus sich Linien gabeln, auf ein und demselben Perron möglich, wogegen kreuzende Linien den umsteigenden Fahrgästen Weitwanderwege abverlangen (Paris! Heute auch in Wien, wie Schwedenplatz, Westbahnhof, Karlsplatz). Ein aktueller Vergleich bestätigt die Wiener Stadtbahnplaner. Siemens baut eine Stadtschnellbahn in Bangkok so, daß im Kreuzungspunkt der Bahnsteig zwischen die Gleise zu liegen kommt, sodaß die Passagiere jeweils auf die andere Linie umsteigen können (*Siemens-Verkehrstechnik-Express*, 1/1999, Seite 4).

Die Wiener Stadtbahn war um 1910 eine richtige Vollwert-Eisenbahn: durchwegs besetzte Stationen, Personen- und Güterverkehr (Güter von der Höhe abwärts), viele Anschlußgleise, Gepäckservice (allerdings nur in Hütteldorf, Heiligenstadt, Hauptzollamt, Ottakring, Hernals und Gersthof). Nur der elektrische Betrieb fehlte. Diese optimale Betriebsform verdankten die Wiener auch dem Umstand, daß sich damals alle anschließenden Bahnen (Ausnahmen: Süd- und Aspangbahn) in öffentlicher Hand befanden. Heute redet man uns ein, man müsse zwecks positiven Agierens die Organisation der Bahn zerstückeln.

Wie so oft in der Eisenbahngeschichte stand der Genialität von Bautechnik und Betriebsorganisation ein Kleingeist der Tarifgestalter gegenüber. Auf der Dampfstadtbahn galt ein komplizierter Tarif – immerhin war sie billiger als die Straßenbahn –, der in der Fußangel gipfelte, daß Stadtbahnkarten nicht im Abschnitt zwischen Hetzendorf und Matzleinsdorf galten. Die Schaffner waren aber immerhin verhalten, unwissenden Fahrgästen keine Strafen aufzubrummen, sondern sich mit einer Nachzahlung zu begnügen.

Der Erste Weltkrieg hat fest geplante Ausbauten des Stadtbahnnetzes unterbunden. Noch in Landkarten der 20er Jahre und später sind freigehaltene Verlängerungen eingezeichnet, die leider später für Schnellstraßen benützt wurden.

Im Krieg und in den Jahren danach war der Personenverkehr der Stadtbahn eingeschränkt und zeitweise ganz eingestellt gewesen. Die Wiener hatten ihn aber in guter Erinnerung und verlangten seine Reaktivierung. Von Juni 1922 an fuhren immerhin täglich 25 Zugspaare von Hütteldorf über die Gürtellinie zunächst bis Heiligenstadt, ab Jänner 1924 nur mehr bis Michelbeuern. Im August 1923 hatte das 'Rote Wien', das mit seinen bahnbrechenden Aktionen im Wohnbau und in der Sozialpolitik weltweit Bewunderung erregte, auch beschlossen, einen Teil der Stadtbahn zu elektrifizieren. Da diese Eigentum der Kommission für Verkehrsanlagen in Wien war, schufen drei Gesetze des Bundes sowie der Länder Niederösterreich und Wien mit 21. 12. 1923 die Grundlage für die Übernahme der Gürtel-, Wiental- und Donaukanallinie durch die Gemeinde Wien (Bundesgesetz vom 11. 1. 1924, BGBl. 20), die nach elektrischer Ausrüstung der Strecke und Versuchsfahrt am 9. 4. 1925 zwischen Juni und Oktober 1925 abschnittsweise den Betrieb aufnehmen konnte. Das Prinzip eines gemeinsamen Wagenparks und nicht zu hoher Kosten resultierte in straßenbahnmäßigem Ausbau dieser idealen Schnellverkehrsebene. Der anfängliche Spezialtarif entsprang überholten Denkgewohnheiten. Als zweckmäßig erwies sich dagegen die Linienbezeichnung mit aussagekräftigen Buchstaben (G = Gürtel, W = Wiental, D = Donaukanal), sodaß auch jede Kombination zweier Buchstaben sofort verständlich ist (Streckenkarte auf Seite 49).

Wie bedeutend der Gemeindeverwaltung das Stadtbahnprojekt war, zeigt das Plakat von Theodor Slama (Seite 72), das die Wiener Sozialdemokraten noch während der Verhandlungen zur Übernahme der Stadtbahn drucken ließen, sodaß es bereits für die zusammengelegte National- und Gemeinderatswahl vom 21. Oktober 1923 werben konnte. Eisenbahngeschichtlich ist auf ihm der straßenbahnartige Drei-Wagen-Zug beachtenswert, denn anfangs dachte Wien tatsächlich daran, die Stadtbahn mit überzähligen Zügen der Straßenbahn zu betreiben. Zu diesem Zweck ließ sie in Hütteldorf und Heiligenstadt große Wendeschleifen (Seite 32) errichten. Schließlich ließ sie aber doch für die Stadtbahn spezielle Typen (siehe Seite 72 und 152 bis 157) bauen, allerdings nur zweiachsig, weil der Pacht- und Betriebsführungsvertrag vom 13. März 1924 eine Zehn-Jahres-Kündigungsklausel enthielt und daher der Wagenpark auch für die Straßenbahn geeignet sein mußte. 1934 gingen die elektrifizierten Stadtbahnstrecken allerdings vorzeitig ins Eigentum der Stadt Wien über.

Trotz wirtschaftlicher Not hat das 'Rote Wien' nach der Stadtbahn-Elektrifizierung keine gleichlaufenden Straßenbahnlinien stillgelegt. Es wertete die Stadtbahn – wie auch seine Erbauer – als ein der Straßenbahn übergelagertes Schnellverkehrsmittel. Den Ausbau der Straßen- und der Stadtbahn während der Zwanziger Jahre verdankt Wien dem von Siemens gekommenen Straßenbahndirektor Ing. Ludwig Spängler. Heute finden wir ihn weder im *Groner-Wien* noch im *Österreich-Lexikon*. Es trägt auch keine Wiener Straße seinen Namen.

Nach 1945 baute Wien den Großteil der von Bomben zerstörten Stadtbahn relativ rasch auf. Schon am 27. Mai 1945 ging Hietzing–Hauptzollamt wieder in Betrieb. Nur der total verwüstete Bahnhof Heiligenstadt mußte bis 1954 warten. In demselben Jahr nahm Wien neue Stadtbahnwagen in Betrieb (Typen N1 und n2), die es aber als Umbauten präsentierte, weil damals bereits das Gemeinderatsklima erschreckend stark gegen den öffentlichen Verkehr umgeschlagen war, sodaß man es gar nicht wagte, Neuanschaffungen vorzuschlagen. Zum öffentlichen Verkehr fiel der Politik und der Presse nur der Begriff Defizit ein, der Fahrgast mutierte zu einem lästigen Defizitverursacher. Als modern galt nur das Auto und der Straßenbau. Bürgermeister Franz Jonas schrieb in der *Arbeiter-Zeitung* vom 15. Jänner 1957: *Je höher die Konjunktur und die Lebenshaltung, um so stärker die Motorisierung der Bevölkerung und um so weniger Passagiere auf den öffentlichen Verkehrsmitteln.* Nach dieser Prophezeiung dürften wir heute, da fast jeder zweite Wiener Haushalt ein Auto besitzt, überhaupt keine öffentlichen Verkehrsmittel mehr brauchen. Hätte die SDAP um 1925 genau so illusionär gedacht wie die SPÖ der späten Fünfziger Jahre, hätte sie jedem Wiener eine Villa im Grünen versprochen. Das wäre genau so unreal gewesen wie das Versprechen, jeder Wiener könne mit einem Auto alle innerstädtischen Wege erledigen. Übrigens gab es in der SDAP um 1925 eine starke Anhängerschaft für die Illusion der Gartenstadt. Nach einem Versuch in dieser Richtung hat sich das 'Rote Wien' aber zu großstädtischen multifunktionellen Wohnbauten in verkehrsgerechter Lage entschlossen. Die Persönlichkeiten um Karl Seitz haben sich nicht von Sachzwängen und Besserwissern irritieren lassen und eine sozialverträgliche Stadt geschaffen.

Während Senatsrat Böck in Radio Wien (UKW) am 22. März 1957 (21.55) warnte, daß das Parken auf öffentlichem Grund nur geduldet sei und nicht zu einem Gewohnheitsrecht auswachsen dürfe, hatten die Politiker nichts Eiligeres zu tun, als mit der Straßenverkehrsordnung von 1961 das kostenlose Parken auf öffentlichem Grund rechtlich zu regeln und verwandelten damit die lebendige Stadt in einen Riesenparkplatz mit ausgesparten autogerechten Fahrspuren. Fußgänger, Radfahrer und die Straßenbahn galten nur als Hindernisse für die 'Flüssigkeit' des Autoverkehrs. Der sehr gute Vorschlag von Stadtrat Nathschläger, die Stadtbahn von Heiligenstadt über dic Nordwestbahnbrücke nach Floridsdorf zu verlängern, hatte in solch einem Klima natürlich keine Aussicht auf Realisierung, dabei wäre diese Lösung viel besser gewesen als die mit der U6. Das Schicksal der Nordwestbahnbrücke kritisierte auch Dipl.-Ing. Helmut Hainitz, der 1984 (*ÖVG-Spezial,* Band 8, Seite 50) schrieb: *Der Beschluß in den 50er Jahren, die ehemalige Nordwestbahnbrücke der Bundesstraßenverwaltung zu überlassen, damit auf dieser die Nord(-autobahn)brücke gebaut werden kann, ist aus heutiger Sicht eine eindeutige Fehlentscheidung.*

Erstaunlicherweise vermochte in solch einer Atmosphäre gegen den öffentlichen Verkehr eine ungewöhnliche Art von öffentlichem Verkehrsmittel Politiker und Journalisten zu begeistern, die Alwegbahn. Näheres zur Technik sagen das Bild und der zugehörige Text auf Seite 49.

Vom Herbst 1957 bis zum Jahresende 1962 rauschte die Alwegbahn (siehe Seite 49) ganz gewaltig durch den Wiener Blätterwald aller Couleur. Felix Slavik war damals Finanzstadtrat und entwickelte eine geradezu fatalistische Aktivität pro Alwegbahn für Wien. Die gesamte SP-Fraktion des Gemeinderats pilgerte nach Köln zur Alweg-Versuchsstrecke. Sie waren von Alweg fasziniert. Nach der Rückkehr wagte ein einziger, Bedenken zu äußern. Die 'häßlichen' Stadtbahnviadukte sollten weggerissen und Alwegbahnen gebaut werden. Nebenher lief auch die Forderung, auf den Stadtbahnviadukten eine Autobahn zu errichten! Nichts konnte zu unrealistisch sein, daß es nicht begeisterte Anhänger gefunden hätte. Zum Glück hatten wir damals einen Verkehrsminister, Dipl.-Ing. Karl Waldbrunner (1906–1980), der technisches Wissen mit Realitätssinn verbunden hat und der dem Vizebürgermeister Slavik 1962 einen Strich durch seine Alweg-Rechnung machte.

Zu derselben Zeit, da ALWEG durch den Wiener Blätterwald wirbelte, arbeitete in den ÖBB eine Gruppe unter Baudirektor Dipl.-Ing. Franz Liebsch daran, die Bahntrassen zwischen Meidling und Floridsdorf für Schnellbahnbetrieb auszubauen. Diese Arbeiten geschahen geradezu heimlich, um Querschüssen vorzubeugen. Als am 18. Jänner 1962 die ersten Schnellbahnzüge durch Wien rollten, fanden sie – auch ohne Eröffnungs-Jahrmarkt – so großen Anklang, daß die Frequenz innerhalb eines Jahres von 42.500 Fahrgästen pro Arbeitstag auf 80.000 stieg. Im Verkehr hat Qualität immer besser zu werben vermocht als noch so teure Plakat- und Fernsehaktivitäten.

Die Fachleute um Liebsch fanden nach diesem großen Erfolg Mut für erweiterte Pläne, die im September 1964 das Verkehrsministerium in einem sehr informativen zwölfseitigen Farbprospekt der Öffentlichkeit präsentierte. Das ministerielle Projekt eines Schnellbahnnetzes von 160 Kilometern Länge mit 95 Stationen (Netzplan auf Seite 159) unterstützten ÖBB, WVB, SPÖ, ÖGB und Arbeiterkammer mit viel Schwung. Auch die Presse zeigte Wohlwollen und fast alle Zeitungen brachten die Ausbaupläne, die selbst einen Anschluß der Stammersdorfer Lokalbahn und ein Einbeziehen der Badner Bahn vorsahen. Die Stadtbahn sollte wieder zur Vollbahn ausgebaut werden. Eine Sternstunde für die Wiener Stadtbahn! Fast das ganze Netz auf der Karte von 1901 (vorderer Vorsatz) wäre nach einiger Anlaufzeit elektrisch betrieben gewesen. Der einzige Nachteil von 1901, das Fehlen elektrischen Betriebs, wäre beseitigt gewesen. Einen Schönheitsfehler stellt das Nichteinbeziehen der Vorortelinie dar, das hätte sich aber jederzeit beheben lassen. Unfaßbar, daß jemand dieses Projekt torpedierte. Man hat offiziell nie erfahren, wer noch stärker war als eine so mächtige Allianz von SPÖ, ÖBB und ÖGB zusammen.

Was sich von 1964 bis 1998 an der Wiener Stadtbahn änderte, zeigt der blaue Überdruck auf dem hinteren Vorsatz. Während der Umbau der Wiental-Donaukanallinie zur U4 (eröffnet 1976–1981) auf Otto Wagners Werk wenig Rücksicht nahm, ging die Umgestaltung der Gürtellinie zur U6-Nord (eröffnet 1995) und die Revitalisierung der Vorortelinie (eröffnet am 31. Mai 1987) behutsam mit Otto Wagners Werk um. In diesem Sinne ist es gut, daß die Vorortelinie nicht schon früher reaktiviert wurde; deren Otto-Wagner-Bauten wären sicher verunstaltet worden.

Auf beachtenswerte Details verweisen die Bildtexte. Das Thema dieses Buches ist Otto Wagners Werk, und von diesem ist zum Glück doch noch so viel vorhanden, daß es den Wiener Stadtorganismus nach wie vor gestaltet.

Beim Korrigieren der Bildtexte kamen mir verschiedene Gedanken, die besser in den laufenden Text auf den Seiten 6 bis 14 gepaßt hätten. Dort ließen sie sich aber nicht mehr unterbringen, und so habe ich sie nach Möglichkeit auf freie Plätze zwischen Bildtexten eingestreut. Sie sind in der Regel in kursiver Schrift gesetzt, um sie von den Bildlegenden abzuheben.

Meine Kritik an einzelnen Objekten der Wiener U-Bahn ist nicht so zu verstehen, daß ich prinzipiell gegen unterirdische Verkehrswege eingestellt bin. Ich finde es nur falsch, wenn man sie nicht als dem öffentlichen Oberflächenverkehr überlagert plant, sondern als Ersatz für die Straßenbahn. Zürich hat den richtigen Weg beschritten: Das zum Teil unterirdische S-Bahn-Netz bedient auch die Kernstadt, ist dem Straßenbahnnetz übergelagert und verbindet die Stadt weitgehend umsteigfrei mit dem Umland.

Schon die private Westbahn errichtete ihren Bahnhof in Hütteldorf auffallenderweise mit städtischer Architektur (Foto unten: Sammlung Kramer). Er trägt seit 17. Februar 1883 den Doppelnamen Hütteldorf-Hacking. Die Südbahnlokomotive Serie 18 davor (Foto oben: Sammlung H. Seemann) erinnert daran, daß bis 1898 die Südbahn den Personenverkehr zwischen Hauptzollamt und Hütteldorf abgewickelt hat.

Der Bahnhof Hütteldorf-Hacking erhielt gelegentlich des Ausbaus für die Stadtbahn zwei separate Aufnahmsgebäude, eines auf der Hütteldorfer Seite (zur Linzer Straße, oberes Foto) und eines auf der Hackinger Seite (beim Wienfluß, unteres Foto). Ein Durchgang verbindet beide Komplexe und bietet klare Zugänge zu den Perrons. Das mittlere Bild hält den Ost-Kopf des Bahnhofs mit dem mächtigen Stellwerk fest, das im Mai 1899 in Betrieb ging. Dieser Bahnhof erhielt vier Stellwerke für 61 Weichen und 17 Signale.

Oben: Dieses Foto aus dem Anfang des Stadtbahnbetriebs weist Details auf, die später geändert wurden. Der Schalldämpfer für die Vakuumbremse ist noch auf dem Rauchfang plaziert, später war er zwischen Dampfdom und Führerhaus. Die Zieltafel entsprach dem Berliner Vorbild, dort schon 1882 zur Eröffnung der Stadtbahn praktiziert. Ein Foto findet sich in dem Buch *Dampfzüge auf Berlins Stadt- und Ringbahn* von Kurt Pierson, Stuttgart, 1969, Bild 14. Die Wiener Stadtbahn ergänzte diese Aufschrift später mit zusätzlichen kleineren Tafeln (siehe Seite 142). – *Mitte und unten:* Gelegentlich der Elektrifizierung erhielt der Bahnhof Hütteldorf-Hacking auf der Hackinger Seite ein zusätzliches kleineres Aufnahmsgebäude mit der großen Aufschrift WIENER ELEKTRISCHE STADTBAHN. Im Gleisniveau bestand ein arkadenartiger Durchgang zu den Lokalzügen der Westbahn.

Foto Ing. F. Schuster (1925)

Da der Zug im geraden Gleisbereich stehengeblieben ist, hatten die Fahrgäste einen relativ weiten Weg zum Ausgang bez. zum Übergang zur Westbahn zurückzulegen. Dieselbe Unzulänglichkeit ergab sich auch bei abgehenden Zügen.

Am 1. Mai 1939 hielt Karl Meindl einen angekommenen WD mit zeitgemäßer Dekoration fest. Die für den elektrischen Betrieb errichteten Remisen zeichnet eine gefällige Dachform aus.

Diese beiden Fotos der Hütteldorfer Bahnhofseite aus dem Winter 1944/45 halten eine geradezu unfaßbare Fahrgastschikane fest. Die Tafel unter den Buchstaben HACK und die Tafel bei der Brücke belehren die Fahrgäste, daß der Durchgang durch den Bahnhof nur mit Fahrscheinen der Deutschen Reichsbahn gestattet ist, zur Stadtbahn aber der Umweg von fast 500 Metern durch die Brudermanngasse (Westbahn-Unterführung auf dem unteren Foto) einzuschlagen ist. Das Bruchsteinmauerwerk und die Geländergestaltung entsprach auch der Planung von Otto Wagner, wie auch das Stellwerk der Westseite.

Dort, wo heute der Bahnhof Landstraße bzw. Wien Mitte plaziert ist, befand sich einst der Hafen des Wiener Neustädter Kanals. Schon 1848 war geplant, an dieser Stelle einen Zentralbahnhof zu errichten (vgl. Slezak: *Vom Schiffskanal zur Eisenbahn,* Seite 18). Aber erst im Rahmen der Stadtbahnplanung erhielt Wien dort ein bedeutendes Verkehrszentrum, das einen geradezu gigantischen Bauaufwand erforderte, um den Bahnhof aus der Hochlage in Tieflage umzusetzen, worüber ausführlich das Buch *Kanal, Nostalgie, Aspangbahn* (Seite E28 bis E36) berichtet. Damit erhielt Wien einen zentrumsnahen Bahnhof mit Verbindungen in fünf Richtungen, der allerdings im Fernverkehr nur für Gepäck und Fracht genützt wurde. Nach 1914 bereicherte die Preßburger Bahn den Verkehrswert dieser Station, dessen Architektur Beachtung verdient. Obwohl dieses Ensemble nur minimale Kriegsschäden aufwies, wurde es abgerissen.

Diese beiden Bilder belegen den hohen Stellenwert des Bahnhofs Hauptzollamt hinsichtlich Stadtstruktur (Markt, Verkehr, Zentrumsnähe, Eislaufplatz, Stadtpark) und technischen Standards (gedeckter Verbindungsgang, Semaphore mit elektrischem Antrieb). Das obere Foto entspricht dem Blick aus der Markthalle über Stellwerk und Aufnahmsgebäude zum Museum für angewandte Kunst und (dahinter) zum achteckigen Turm der Franz-Josefs-Kaserne. Das untere Foto, von der Großen Marxen Brücke aufgenommen, zeigt links die Markthallen, den Übergang zu den Perrons und die Landstraßer Brücke.

Beide Fotos aus dem Bildarchiv der Österreichischen Nationalbibliothek

Oben: Diesen Teil des Bahnhofs Hauptzollamt nützte später auch der elektrische Betrieb der Stadtbahn. Am rechten Bildrand eine Ecke eines Stellwerks. Anfangs bedienten vier Stellwerke 10 Weichen und 12 Signale, vom Juni 1901 an zwei Stellwerke 24 Weichen und 14 Signale. – *Mitte:* Den geradezu eleganten Übergang zu den einzelnen Perrons fotografierte am 2. November 1958 Ing. W. Kramer. – *Unten:* Diese beiden Gleise des Personenbahnhofs benützten nur die Bundesbahnen für Züge zur Verbindungsbahn, später auch für die Aspanger und Preßburger Züge. Einige wenige Aspangbahn-Züge hatten schon vor 1914 ihren Ausgangspunkt in der Station Hauptzollamt, daher trugen sie zur Unterscheidung stadtbahnähnliche Tafeln mit der Aufschrift 'Aspangbahn'. Damals konnte man im direkten Zug vom Hauptzollamt nach Puchberg fahren, was heute zweimaliges Umsteigen erfordert. Auf diesem Foto erkennt man an der vorderen Bahnsteigkarte fünf Signallaternen, da trotz des elektrischen Antriebs für die Signalflügel Petroleumlampen notwendig waren, und auch Teile der Křižik-Fahrleitung von 1906 (siehe Seite 151).

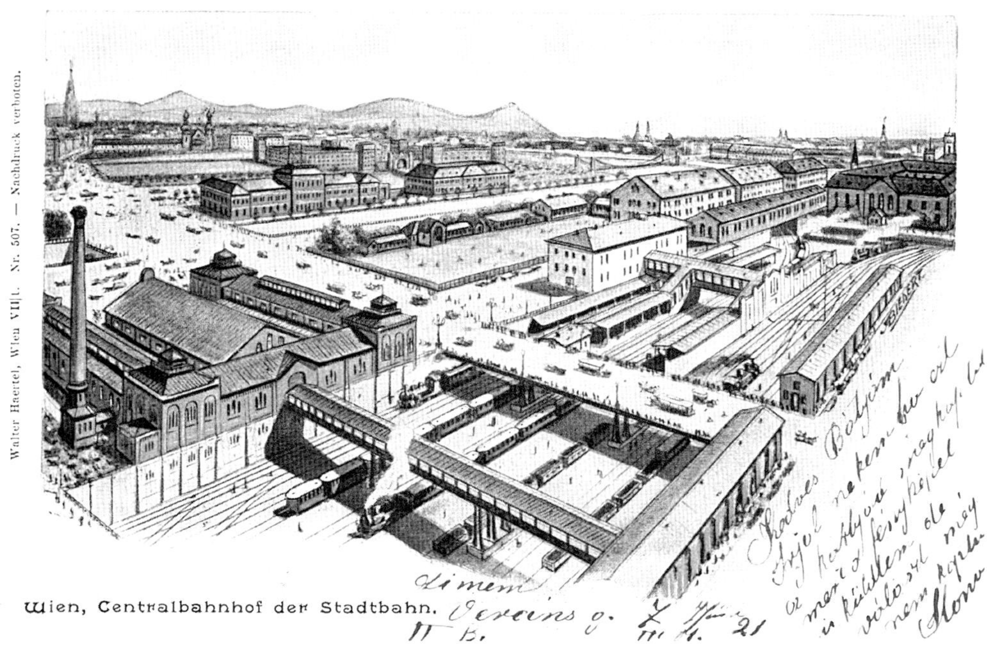

Bildtexte auf der Nebenseite

Dem englischen Eisenbahnfreund Edwin Miller verdanken wir Foto-Raritäten aus dem Jahre 1923. Damals wickelte die Stadtbahn keinen Verkehr ab, daher sind auf einem Stadtbahngleis (am linken Bildrand) Waggons abgestellt und der Perron (Foto oben) ist menschenleer. Dagegen besteht auf der Verbindungsbahn (rechte Bildhälfte) regulärer Verkehr: Auf dem linken Gleis hält gerade ein Zug, bei dem rechten Gleis warten Fahrgäste auf dem Perron. Die Kühlwagen (Foto unten) versorgten die Markthallen mit Fleisch.

Nebenseite:
Die großzügige Anlage des tiefliegenden Bahnhofs Hauptzollamt kann sich die jüngere Generation gar nicht mehr vorstellen, weil seit 40 Jahren alles überbaut ist. Die Zeichnung (unten) von A. Bienert (nicht genau maßstäblich) aus der Zeit um die Jahrhundertwende (Plan in *Kanal, Nostalgie und Aspangbahn* auf Seite 33) läßt die stadtnahe Situation sowie die Kombination von Verkehr (Personen, Gepäck und Güter) und Versorgung (Markthalle) gut erkennen. – Der aufwendige Umbau von der Hochlage (Fotos oben mit Südbahn-Lokomotive Serie 29 und in der Mitte, Sammlung Ing. W. Kramer) zur Tieflage mit einer Bewegung von 380.000 m^3 Ab- und Ausbruchmaterial, das die Bahn nach Floridsdorf brachte, begann am 4. August 1897. Der Personen- und Güterverkehr war nur 30 Tage lang unterbrochen. Vom 1. April 1898 an rollte der gesamte Verkehr durch den Tiefbahnhof.

Die Elektrifizierung änderte die Anlagen des Bahnhofs Hauptzollamt nur minimal: Fahrleitung, Entfernen von Weichen und Aufstellen eines schrebergartenähnlichen Zauns. *Foto WStB (1925)*

Das Stellwerk an der Brücke im Verlauf der Hinteren Zollamtsstraße, im Hintergrund die Marxer Brücke. Einige Güterwagen stehen vor der Einfahrt zum Waggonaufzug des Zollamts. *Foto RBD Wien (1944)*

Hinter der Marxerbrücke erkennt man links die zwei Gleise zur Donaukanallinie und rechts den Rundbogen zum Waggonaufzug des Zollamts. Vor ihm stehen drei Güterwagen bereit. *Sammlung Ing. W. Kramer*

Dieselbe Situation mit einem Zug von der Donaukanallinie. Neben ihm ist das Signal für eine ständige Langsamfahrstelle beachtenswert.

Das Ensemble von Großmarkthalle, Bahnanlage und städtischem Bereich beeindruckte sogar Maler wie Witt und Kopalik (siehe Farbteil, Seite 68) sowie Bienert (Seite 22). Die 77.263 zieht eine artenreine Preßburgerbahn-Garnitur. Der LWP-Güterwagen verfügte über Normal- und Mittelkupplung. Solche Garnituren fuhren von 1914 bis 1945, elektrisch bespannt, im Straßenniveau ab. *Foto Mag. A. Luft (1959)*

Fast eine Original-Garnitur der Dampf-Stadtbahn. Der Triebwagen (VT41) und der Beiwagen davor bildeten einen separaten Zug (T4915 nach Loipersbach-Schattendorf). *Foto J. O. Slezak (16. 1. 1959)*

Wegen der Bauarbeiten erhielt die Stadtbahnstation Hauptzollamt vorübergehend ihren Zu- und Abgang an der Marxerbrücke. Beide Fotos stammen von J. O. Slezak; das oben entstand am 10. April 1959, das unten am 11. Juli 1959.

Der Bahnhof Hauptzollamt zum Beginn der Umbauten: Links ein provisorischer Bahnsteig für die Züge der Preßburger- und der Aspangbahn. Im Bild die Lokomotive 75.756. Auf dem Gleis daneben zwei Kesselwagen für Ölgas, das damals noch für die Beleuchtung alter Personenwagen erforderlich war. Auf dem dritten Gleis eine ehemalige DRB-Lokomotive (657.2753). *Foto J. O. Slezak (3. 3. 1957)*

Zwei Details der elektrischen Sicherungsanlage aus der Ursprungszeit im Bahnhof Hauptzollamt: Neben der elektrisch stellbaren Weiche erkennt man ein separat gelagertes Stellgewicht, das im Notfall Handbedienung ermöglicht. Das Verschubsignal ist wohl elektrisch angetrieben, aber bei Einbruch der Dunkelheit wurde eine Petroleumlampe, die auf dem Antriebskasten abgestellt ist, zu den weißen und blauen Signalscheiben aufgezogen.

Eigens für die Stadtbahn errichteten die kkStB einen großen Bahnhof in Heiligenstadt mit vollwertigen Betriebsanlagen, wie Heizhaus mit Werkstätte, Wasserstation und zwei großen Stellwerken. Ursprünglich war Heiligenstadt erstrangige Stelle für den Lokomotivdienst. In dieser, anfangs als Central-Bahnhof bezeichneten Station, trafen sich fünf Bahnstrecken: Franz-Josefs-Bahn, Vorortelinie, Gürtellinie, Donaukanallinie und Donauuferbahn. Zuvor hatte die Franz-Josefs-Bahn dort keinen Haltepunkt. Auf dem oberen Bild erkennt man gut den mächtigen, vorgelagerten Bauteil, dem die Luftangriffe vom 12. und 22. März 1945 arge Zerstörungen zufügten, sodaß er abgetragen wurde.

Die Gärtnereien kennzeichnen jenen Bereich, auf dem 1927/30 Karl Ehn den Karl-Marx-Hof errichtete, wobei er dessen Mittelachse in Würdigung seines Lehrers Otto Wagner auf jene des Bahnhofs ausrichtete, worauf Karl Schlöss in seinem Buch *Die Vorortelinie* (Seite 13) hinweist.

Um 1900 war der Bereich des Bahnhofs noch unverbaut. Obwohl mit einer Stadtbahn-Lokomotive Serie 30 bespannt, ist der Zug, der Richtung Nußdorf fährt, kein Stadtbahn-, sondern ein Lokalzug der Franz-Josefs-Bahn. *Foto Puchinger / Sammlung Kreutz*

Zwei Beispiele der mächtigen bahndienstlichen Anlagen in Heiligenstadt. Der Zug mit der 30er (oberes Foto Puchinger vom 25. Mai 1898, Sammlung Kreutz) nähert sich einem der technisch beachtlichen Stadtbahn-Stellwerke, und zwar dem nördlichen vom Bahnhof Heiligenstadt. Diese waren nach den guten Erfahrungen mit Prerau (1895) bereits für elektromechanischen Betrieb eingerichtet, der allerdings in Heiligenstadt erst am 14. April 1901 wirksam wurde. Hinter dem Stellwerk erkennt man das Rad der Windmotor-Anlage, die das gegenüber dem Grundwasser weichere Donaukanal-Wasser 600 m weit in einen etwa 40 Meter höher liegenden Behälter im Bereich der Hohen Warte pumpte. Dort erhielt es dank der Fallhöhe ausreichend hohen Druck, um den Wasservorrat der Lokomotiven raschest zu ergänzen. Das Heizhaus mit 19 Ständen (Foto Puchinger von 1898, Sammlung Kreutz) verfügte über eine Hilfswerkstätte.

Im südlichen Bereich blieb der Bahnhof Heiligenstadt gegenüber dem Dampfbetrieb unverändert. Ein Zug der Donaukanallinie fährt ein und einer der Gürtellinie aus. Markant ist neben den auf der Stadtbahn seltenen Fahrleitungsmasten mit Auslegern die Gleissperre vor dem WD, die bei haltzeigendem Signal mechanisch die Druckluftbremse auslöste und sich gut bewährte. *Foto WStB (ca. 1925)*

Für den elektrischen Betrieb auf der Stadtbahn errichtete die Gemeinde Wien einen eigenen Tunnel zur Wendeschleife mit einem gefälligen Neubau der Kassen, die aber bei großem Andrang (z. B. Fußballspiel) nicht ausreichten, sodaß sie im April 1926 sechs freistehende Kassahütten hinzufügte. *Foto WStB (ca. 1925)*

Den arg zerstörten Bahnhof Heiligenstadt verkleinerten die ÖBB um den imposanten Vorderteil (siehe Bild von 1899 darunter) und gaben dem Komplex zum Gleis 1 eine recht gefällige Fassade. Ein Vergleich mit der einfenstrigen Seitenfront verdeutlicht den Sachverhalt. Rechts an der Steinmauer erkennt man den separaten Stadtbahnzugang von 1925. Zwischen Gehsteig und Bahnhof standen Kassahäuschen, etwas anders angeordnet wie 1926. *Foto J. O. Slezak (17. 2. 1957)*

Ein Blick aus dem Triebwagen 2875: Hinter dem Zug der Linie G am linken Bildrand das ehemalige südliche Stellwerk, das allerdings nach der Elektrifizierung funktionslos war. *Foto J. O. Slezak (10. 3. 1957)*

Heiligenstadt mit der 1925 eingebauten Gleisschleife. Zu den Lokalzügen der Franz-Josefs-Bahn (Bahnsteig 3 bis 5) bestand ein niveaugleicher Zugang.

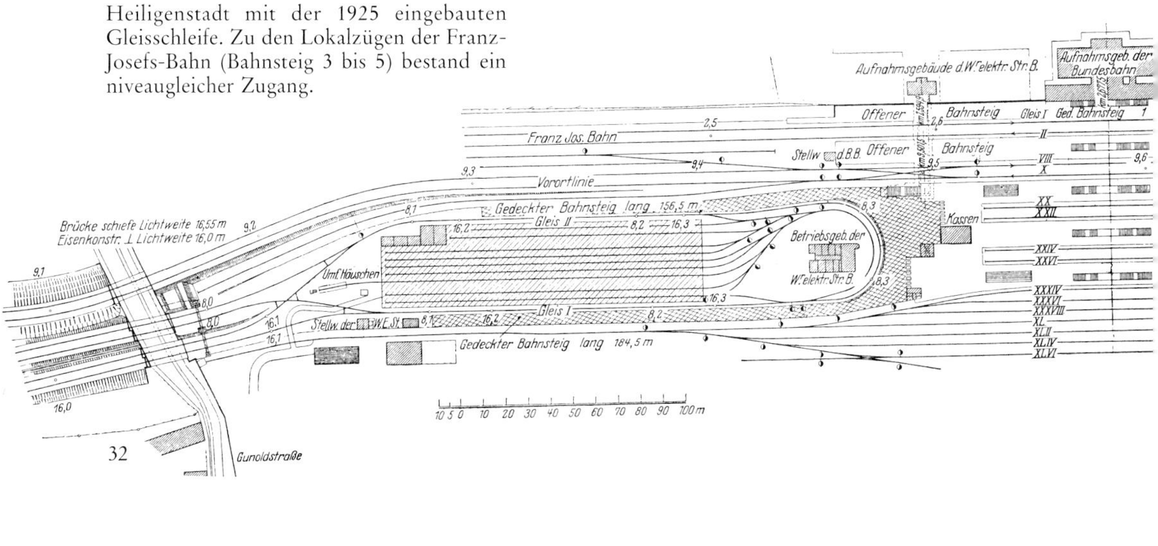

Oben: Infolge arger Bombenschäden im Bahnhof Heiligenstadt ruhte der Stadtbahnverkehr Richtung Friedensbrücke bzw. Nußdorfer Straße von 1945 bis zum 18. September 1954. Der Neubau vermeidet ein Kreuzen der Züge dank einer Gleisunterführung. Man erkennt zwei Gürtelzüge und in der Bildmitte die Brücke der Gürtellinie über die Franz-Josefs-Bahn. Ganz rechts auf dem WVB-Foto von 1955 die Vorortelinie, damals nur eingleisig und nur für Güterzüge. – *Mitte:* Die vier Brükken über die Gunoldstraße: Donaukanallinie, Gürtellinie, Vorortelinie und Franz-Josefs-Bahn. Im Pflaster erkennt man noch die Gleiszone der Straßenbahnlinie 34 (Foto J. O. Slezak, 21. 10. 1962). – *Unten:* Am anderen Ende dieser Unterführung, zwischen den Brücken der Vorortelinie und der Franz-Josefs Bahn, ereigneten sich zwei gleichartige spektakuläre Unfälle: am 6. Jänner 1898 (Foto Puchinger, Sammlung Kreutz) stürzte dort die 30.17 ab, und am 20. Februar 1928 die 170.744 (Foto im Buch *Da staunt das Vorsignal* auf Seite 170).

Im Bereich zwischen der Station Meidling Hauptstrasse und der großen Wienfluß-Brücke waren vier Gleise nötig, um ein bequemes Umsteigen zwischen Wiental- und Gürtellinie zu ermöglichen. Zwischen den beiden tiefliegenden Gleisen der Wientallinie stiegen jene der Gürtellinie kräftig an. Im oberen Bild ist ganz links der Blockposten zu erkennen, der das Signal (knapp vor der Brücke in der Bildmitte) stellte.

Foto oben ca. 1904, Foto unten E. Miller (1923)

Fast dieselbe Szene wie auf dem oberen Bild der Nebenseite, aber schon ohne Blockposten, fotografierte ein Amateur in den ersten Tagen des elektrischen Betriebs. *Sammlung H. P. Pawlik*

Diese Aufnahme setzt das untere Bild der Nebenseite gegen Osten fort. Der Triebwagen (Type N1) trägt die Nummer 2879. *Foto Ing. F. Schuster (ca. 1970)*

Das imposanteste Bauwerk der Wiener Stadtbahn ist die 112 m lange Brücke über den Wienfluß in Gumpendorf. Ihre mächtigen Ausmaße überhöhte Otto Wagner noch mit seiner Architektur. Die Ansicht vom Meidlinger Brückenkopf (Farb-Aquarell auf Seite 66) wirkt so, als fahre der Zug durch ein Tor. Die Brücke diente auch dem um die Jahrhundertwende beliebten Stadtbahnspiel als Titelbild auf der Schachtel, nur ließ dessen Zeichner den Dampfzug rechts fahren, wie es heute die U6 tatsächlich praktiziert.

Fotos Museum der Stadt Wien

Gegen Norden schließt an die Wiental-Brücke eine Brückenkombination über den Sechshauser Gürtel an. Die beiden Pfeiler vor der Station Gumpendorferstraße fallen heute noch durch das rohe Ziegel-Mauerwerk auf. Hier war eine Abzweigung über den Margaretengürtel zur Südbahn geplant. Siehe auch das Farbfoto auf Seite 74. Das untere Foto mit dem Wagen 2928 zeigt auffallend die vier Gewölbe ohne Masten als Anfang dieser Abzweigung. *Foto Bildstelle Stadt Wien (1964)*

Die Station Gumpendorfer Straße kam sehr fotogen in eine Kurve zu liegen. Otto Wagner, H. Mahel und andere Künstler wählten daher dieses Objekt für eindrucksvolle Darstellungen. Ansicht vom Inneren Gürtel mit dem Übergang zur Tiefbahn um 1902.

Die Fassade am Äußeren Gürtel im Jahre 1899. Im Hintergrund erkennt man den Anschluß zur großen Wiental-Brücke.

Die 30.15 fährt mit einem Zug nach Hütteldorf in die Station Gumpendorfer Straße ein. An der Pufferbrust ist außer der Nummer 30.15 auch ein Schild mit den Buchstaben VA angebracht, das diese Lokomotive als Eigentum der Kommission für Verkehrsanlagen in Wien ausweist.

Bildarchiv der Österreichischen Nationalbibliothek

Der äußere Gürtel, schon nach der Elektrifizierung der Straßenbahn. Die imposante Bogenlampe unterstrich die Bedeutung des Bahnhofs für die Stadt.

Nach dem Ersten Weltkrieg bestand auf der Stadtbahn ein eingeschränkter Betrieb. Das Signal der Station Gumpendorfer Straße auf diesem Foto von etwa 1920 ist offensichtlich außer Funktion.
Bildarchiv der Österreichischen Nationalbibliothek

Aus den ersten Tagen des elektrischen Betriebs. Am nördlichen Ende des linken Perrons erkennt man das für die Weichen des 18G errichtete Stellwerk. Näheres über den 18G auf den Seiten 155 bis 157. *Foto Gerlach*

Gelegentlich des Umbaus für den U6-Betrieb lag in der Station Gumpendorfer Straße nur *ein* Gleis, wo die Gürtel-Züge endeten, weil der Abschnitt bis Meidling Hauptstraße vollständig umgebaut wurde. Auf dem unteren Bild erkennt man die Weiche. *Fotos Dr. P. Slezak (28. 11. 1985)*

Nördlich der Station Gumpendorfer Straße geht die Hoch- zur Tiefbahn über. Daher bot sich hier eine Gelegenheit, eine Verbindung zwischen Stadtbahn und Straßenbahn zu schaffen. Am oberen Bild erkennt man rechts das Geleise für den 18G, auf dem unteren Bild links.

Nicht nur kritische Eisenbahnfreunde beklagen die Weitwanderwege in der U3-Station Westbahnhof (siehe Nebenseite). Anläßlich der Verleihung des Adolf-Loos-Preises 1995 bemängelte (ORF-Wien, 8. Oktober 1995, 18.30) ein Architekt, *daß die Passagiere sehr weite und komplizierte Wege zurücklegen müssen.* Übrigens: Die U3-Stationen sind damals aus der Endbewertung ausgeschieden.

Um den Fahrgästen den Weg zum Westbahnhof zu verkürzen und ein Überqueren der Gürtel-Fahrbahn zu vermeiden, schwenkte die Trasse in einem leichten Bogen zum Aufnahmsgebäude der Westbahn. Gelegentlich des Neubaus des Westbahnhofs (1954) erfuhr die Situation sogar noch eine Verbesserung dank eines unterirdischen Zugangs. Erst der Umbau zur U6 war mit einem Abrücken der Trasse verbunden, um Platz für einen Gürtel-Straßentunnel freizuhalten, der voraussichtlich nie gebaut werden wird. Für die Umsteigenden ergeben sich jedenfalls erheblich längere Wege. Auf dem oberen Bild geht der Blick nach Norden (im Vordergrund die Mariahilfer Straße), auf dem unteren nach Süden (links die Lazaristenkirche).

Die spezielle Aufschrift STADTBAHN HALTESTELLE WESTBAHNHOF sollte offensichtlich hintanhalten, daß Ortsfremde sie mit dem Westbahnhof verwechseln, der auf dem mittleren Bild im Hintergrund zu sehen ist. Die Architektur des Kopfgebäudes ist an ein bayrisches Schloß angelehnt zu Ehren der bayrischen Herkunft von Kaiserin Elisabeth, deren Namen die Westbahn trug. Beachtlich auch der Gastgarten beim Seitentrakt.

Als Ing. W. Kramer am 28. Februar 1951 fotografierte, war die Schriftzeile WESTBAHNHOF als zweiter Teil des Doppelnamens MARIAHILFERSTRASSE WESTBAHNHOF überdeckt, um ja jede Verwechslung mit dem Bahnhof der Westbahn auszuschließen.

Im Einschnitt zwischen Westbahnhof und Burggasse erhielt die Trasse zum Teil eine tunnelartige Einwölbung, die heute einer kompletten Abdeckung gewichen ist. Das obere Foto (WStB) zeigt das Portal Richtung Burggasse, das mittlere (Ing. W. Kramer, 22. Februar 1951) jenes im Bereich der Station Mariahilferstraße-Westbahnhof. Das untere von 1897 beeindruckt durch den gigantischen Bauaufwand.

Bis zum Umbau auf die U6 hatte die Station Burggasse nur *einen* Ausgang, allerdings vorübergehend mit dem Zusatz STADTHALLE (Foto J. O. Slezak, 26. 9. 1965). Der neue Zugang am südlichen Ende des Perrons, den man auf dem Foto unten (Mr. A. Luft, 8. April 1957) gerade noch ausmachen kann, liegt im Bereich der Stützmauern und oberhalb dieses Abschnitts. Daher erhielt der neue Ausgang, der abweichend von den übrigen Stationen modern gestaltet ist, den Namen Burggasse-Stadthalle, wogegen der Name des nördlichen Aufnahmsgebäudes (nun wieder in secessionistischen Buchstaben) ohne den Zusatz Stadthalle blieb (mittleres Foto auf der Nebenseite).

Mit der Umstellung auf U6 zielte die Stadtverwaltung vor allem auf Beseitigen der fast parallel verlaufenden Straßenbahnlinie 8, die fast 100 Jahre lang neben der Stadtbahn immer gut ausgelastet war. Nun stellt die Stadtverwaltung auf der 8er-Trasse dem Autoverkehr reichlich Parkplatz bei. Das Nebeneinander von Gürtel-Stadtbahn und 8er-Wagen störte nicht das kaiserliche Wien, nicht das Rote Wien, nicht das austrofaschistische Wien, nicht das nationalsozialistische Wien und nicht einmal das notleidende, koalitionsregierte Wien nach 1945. Erst das reiche, sozialdemokratische Wien von 1989 meinte, sich solch einen 'Luxus' nicht leisten zu können. Das brutale Abwürgen des 8ers hat zu den starken SP-Verlusten in den Gemeinderatswahlen vom November 1991 beigetragen.

Fotos J. O. Slezak (3. 5. 1998)

Zwei Bilder vom Übergang aus der Tiefbahn zur Hochbahn im Bereich der Hasnerstraße, dem einzigen Straßenzug, den der Stadtbahnbau durchschneiden durfte. Die Stadtverwaltung hatte nämlich nachdrücklich verlangt, daß keine städtische 'Kommunikation' unterbrochen werden darf, und sie gestatte nur diese eine Ausnahme. Ein historisches Dokument ist auch der private Text auf dieser Ansichtskarte, denn er belegt die gute Aufnahme, welche die Stadtbahn in der Bevölkerung gefunden hat, wogegen heutige Historienschreiber meinen, sie wäre als 'Chinesische Mauer' auf Ablehnung gestoßen. Herr Fiala schreibt am 18. Jänner 1900 an Fräulein Anna Heinrich zu Mautern bei Stein an der Donau: *Da Fräulein eine so große Freundin unserer Wiener Stadtbahn sind, so erlaube ich mir, Ihnen diese hübsche Partie vom Lerchenfelder Gürtel zu senden. Ist mein häufigster Spaziergang. Der erste Durchlaß geht auf die Thaliastraße* (Pfeil), *von der jetzt der Großmarkt entfernt ist, weil die neue Tramwaylinie von der Lerchenfelder Straße aus fährt bis Liebhartsthal. Handkuß an Sie und die gnädige Frau.* Foto unten (Triebwagen 2702) von J. O. Slezak (22. 9. 1959)

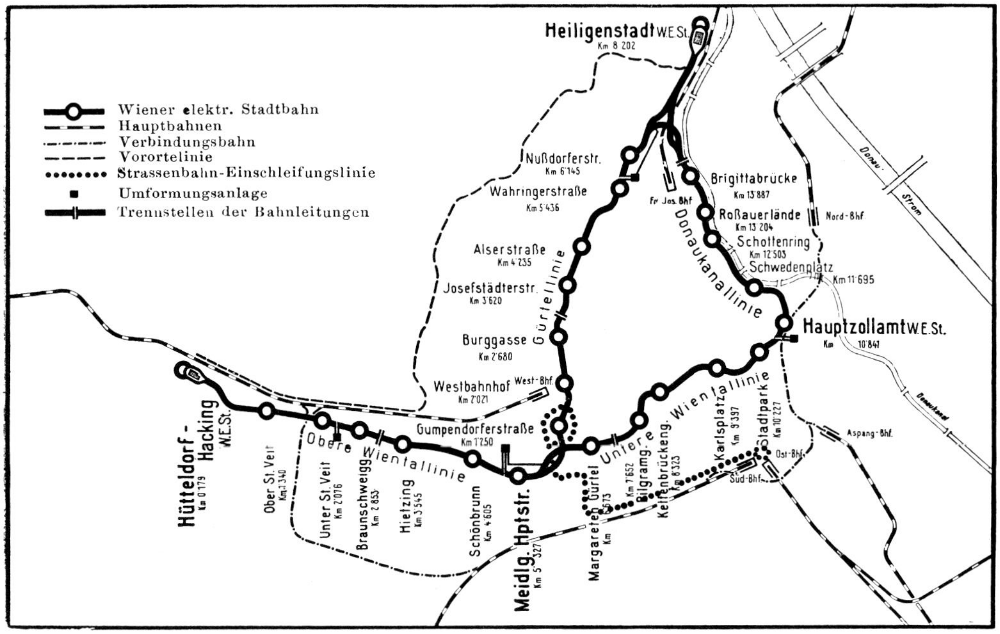

Das Stadtbahnnetz zur Zeit des elektrischen Betriebs von 1925 bis 1945, als die Linie 18G (siehe Seite 155 bis 157) von der Gürteltrasse bei der Station Gumpendorfer Straße aufs Straßenniveau (im Plan punktierte Linie) schwenkte. Dieser Plan von 1925 entstammt dem Artikel *Die Wiener elektrische Stadtbahn* von Ing. Ludwig Spängler in der *Elektrotechnischen Zeitschrift,* Heft 39/1927.

Heute kann man sich kaum noch erklären, wieso um 1960 die Wiener Stadtväter allen Ernstes beabsichtigen (siehe Seite 13), an Stelle der Stadtbahn-Viadukte eine Alweg-Stelzenbahn zu errichten. In den Fünfziger Jahren hat es der schwedische Multimillionär Axel Lennart Wenner-Gren (Kurzform ALWEG) verstanden, mit massiver Werbung für seine Lieblingsidee ALWEG-Bahn unter Journalisten, Stadtplanern und Verkehrsexperten eine richtige ALWEG-Hysterie auszulösen. Dabei war dieses System einer (unechten) Einschienenbahn gar nicht seine Erfindung, denn sie basierte auf einem Patent von Charles Lartigue aus dem Jahre 1887. Näheres in dem Buch *Da staunt das Vorsignal* auf Seite 180. Meine Vorhersage *Alweg ist kein Ausweg* (Zeitschrift *Eisenbahn,* Jahrgang 1958, Seite 35) hat sich bestätigt. Die Wiener Stadtväter begnügten sich mit einer Mini-Alwegbahn auf dem Gelände der Wiener Gartenschau 1974 in Oberlaa, die mein Foto vom 14. Juli 1974 zeigt. Eine städtische Alwegbahn hätte bedeutend massivere Träger gebraucht (es waren sogar Betonstützen geplant) – wahrlich keine Zierde für das Stadtbild. Die Stelzen-Autobahnen unserer Tage genügen uns. – Der Querschnitt zeigt die Stadtbahn-Variante mit Pneureifen.

Die Station Josefstädter Straße von Süden gesehen. Die Pferdebahn verfügte schon damals (1898) über eine Haltestellen-Insel.

Die Station Josefstädter Straße ist ein markantes Beispiel für den Stil der Hochstationen. Dr. Erich Schlöss würdigt (in *Gürtellinie*, Seite 60) ihre *städtebauliche Dominanz* und schreibt weiter: *In Baumasse und architektonischer Gliederung zeigen sie ihre geistige Heimat, die italienische Renaissance; kräftig ausgebildete, aber nur mäßig hochgezogene Türme betonen Symmetrie und Bedeutung der Eckausbildung. Die seitlichen Viaduktverblendungen und die darüberliegenden Perronwände wirken als 'Palast-Seitenflügel'.*

Eine Foto-Rarität aus dem Alltagsbetrieb: Die Lokomotive 30.83, die 1899 als einzige dieser Type mit einer Kondensationseinrichtung geliefert worden war, fährt mit ihrem Zug in die Station Josefstädter Straße ein. Über diesen Versuch schrieb Johann Rihosek in Heft 3/1944 der Zeitschrift *Die Lokomotive* auf Seite 53: *Um die Bildung von Feuchtigkeit in den Tunnelröhren zu verringern, erhielt die Lokomotive 30.83 eine Kondensationseinrichtung. Vom Niederdruckzylinder führte ein Ausströmrohr zu einem besonderen Teil des linken Wasserkastens, in dem der Dampf niedergeschlagen wurde. Ein über das Führerhausdach geführtes Entlüftungsrohr sollte die im Kondensationsraum verbleibenden Dampfschwaden ableiten. Eine Schaltvorrichtung gestattete es, wahlweise je nach Bedarf den Auspuffdampf entweder auf normalem Wege ins Blasrohr oder aber in den Kondensationsraum zu leiten. Die Einrichtung fand keinen Anklang und wurde bald abgenommen.*

Sammlung H. P. Pawlik

Wiener elektrische Stadtbahn.

Strecke	Stationsname	Abkürzung	Teilstr. u. Zeichen
Ob. Wientallinie	Hütteld. Hacking	HH	Zone 4 u. 5 ■
	Ob. St. Veit	OV	
	Unt. St. Veit	UV	
	Braunschweigg.	BR	
	Hietzing	HI	Zone 3 ▲
	Schönbrunn	SB	
	Meidl. Hauptstr.	MH	
Unt. Wientallinie	Margaretengtl.	MG	Sektor IV +
	Pilgramgasse	PG	
	Kettenbrückeng.	KG	
	Karlsplatz	KP	
	Stadtpark	ST	Sektor V
	Hauptzollamt	HZ	
Donaukanall.	Schwedenplatz	SP	
	Schottenring	SR	Sektor I
	Roßauer Lände	RL	
	Friedensbrücke	FB	

Strecke	Stationsname	Abkürzung	Teilstr. u. Zeichen
Gürtellinie	Heiligenstadt	HS	Zone 3 ♣
	Nußdorfer Str.	NS	Sektor II u. IIc <
	Währinger Str.	WS	
	Alser Str.	AS	
	Josefstädter Str.	JS	

Strecke	Stationsname	Abkürzung	Teilstr. u. Zeichen
Gürtellinie	Burggasse	BU	Sektor III
	Mariahilfer Str. Westbahnhof	MS	
	Gumpendf. Str.	GS	

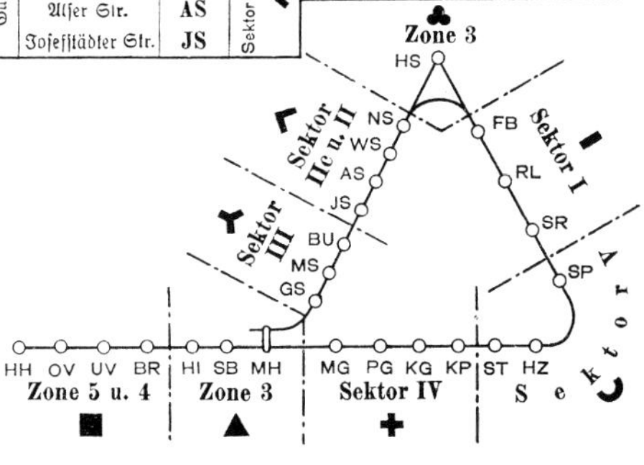

Vs 5185 5000 VI. 39. (A 6)

Der Netzplan vom Juni 1939 erinnert uns an die vielgestaltigen Zwickzangen der Sperrenschaffner, die eine schnelle 'Abfertigung' der Fahrgäste ermöglichten, weil der Schaffner nur zweimal zwicken mußte gegenüber dreimal in der Straßenbahn.

Die Front der Station Josefstädter Straße gegen den inneren Gürtel wirkt hier, also kurz nach der Eröffnung, besonders imposant. In ihr war von 1934 an ein Restaurant untergebracht, das noch in den Sechziger Jahren ob der gebotenen Qualität geschätzt war. Erst die Umgestaltung der einst bürgerlichen Gürtelstraße zu einer Autorennbahn ließ diese Prachtstraße zu einem Horror verkommen. Belebungsversuche für die Viadukte in den letzten Jahren brachten keinen Erfolg, abgesehen von dem, daß der nächtliche Lärm aus den Szene-Lokalen vom Autolärm übertönt wird und also nicht störend empfunden wird.

Am nördlichen Kopf der Station Josefstädter Straße überbrückt die Trasse die von Ottakring kommende Friedmanngasse. Gegenüber liegt der Uhlplatz mit der neugotischen Breitenfelder Kirche.

Die Garnitur 2773, 5541 und 2752, am 15. Juli 1958, Blick gegen Süden.

Die Station Josefstädter Straße ist die höchstliegende der Gürtellinie (212,056 m). Am 4. Mai 1983 konnte Dr. Paul Slezak die Höhentafel noch fotografieren, heute ist sie aber dort nicht mehr zu finden.

Der Zug 45 mit dem N1-Triebwagen Nummer 2954 am 6. Mai 1961 fast an derselben Stelle.

Beide Zugaufnahmen von J. O. Slezak

Die Station Alserstrasse (oben von Osten gesehen, unten von Westen) bietet noch heute eine Erinnerung an die Entstehung: im Bahnhof weist eine Tafel (siehe Nebenseite) auf die Eröffnung durch Kaiser Franz Josef (am 9. Mai 1898) hin. Noch am 4. Mai 1983 konnte dort Dr. Paul Slezak den Neigungszeiger festhalten, auf dem damals die Promille-Zahlen 0 (111 m waagrecht in der Station) und 10 (10 Promille Richtung Michelbeuern) rot waren.

Die Brücke bei der Station Alser Straße ermöglicht die Verbindung zwischen Hernalser Hauptstrasse und Kinderspitalgasse. In den Stadtbahnbögen etablierten sich Gewerbe mit geringer Umweltverträglichkeit, wie eine Kunsttischlerei (Foto Nebenseite unten), aber selbst exklusive Geschäfte, wie Julius Meinl. Otto Wagner hätte es hinsichtlich Stadtgestaltung vorgezogen, die Bögen offen zu lassen. – Noch heute erinnert in der Station Alser Straße eine Mitte 1902 angebrachte Gedenktafel an die Eröffnungsfeier mit Weihe bei Anwesenheit des Kaisers am 9. Mai 1898. Der reguläre Betrieb auf der Gürtellinie begann erst am 1. Juni 1898. Wie modern die Stadtbahnbauer eingestellt waren, zeigt sich auch an der Antiquaschrift dieser Tafel. Damals war für solche Anlässe Fraktur üblich.

Der imposante Bau in Michelbeuern erfüllte mehrere Funktionen: Diensträume, Güterumschlag und Markthalle. Der Bahnhof Michelbeuern hat erst vom 24. Dezember 1923 an keine Güter mehr angenommen. Einem Kohlenhändler diente ein Ladegleis, auf dem sogar noch während der Elektrifizierung Waggons (bis 9. September 1924) zugestellt wurden. Das obere Bild zeigt die gleisseitige Front und das mittlere die straßenseitige, die verglaste Veranda wurde schon vor geraumer Zeit weggerissen, in unseren Tagen verschwand auch der Sockel, um die Fahrbahn auf dem äußeren Gürtel zu verbreitern. Auf dem unteren Foto ist die südliche Seitenfront abgebildet.

Die elektrische Stadtbahn nützte das weite Gelände in Michelbeuern für Remisen (davor der Wagen 2855 mit Siemens Bügel). Auf dem unteren Bild erkennt man links ein Frachtenmagazin, noch mit Laderampe, aber schon ohne Gleis. *Foto Siemens / Sammlung Herrmann*

Gelegentlich des Umbaus für die U6 wurde der Bahnhof Michelbeuern um eine Personenhaltestelle erweitert, die den Doppelnamen Michelbeuern-Allgemeines Krankenhaus erhielt und eine Viadukterweiterung (unteres Bild) erforderte. Das obere Bild zeigt beide Johann-Nepomuk-Kapellen, die ursprüngliche (vorne) und die nach Plänen von Otto Wagner gebaute (im Hintergrund). Die alte Nepomuk-Kapelle fiel Hausbauten zum Opfer, aber nicht dem Stadtbahnbau. *Foto unten: Pfeiffer/Sammlung Heless*

Die Station Währinger Straße wirkt besonders wuchtig, weil in diesem Abschnitt die Trasse relativ hoch über dem Straßenniveau liegt. Diesen Eindruck verstärkt die große Brücke über die Schulgasse, die Währinger Straße und die Fuchsthalergasse, welche Namen im Untergurt der Brücke angeschrieben sind. Die hohe Verkleidung ergab sich aus dem Bestreben Otto Wagners, eine ansteigende Trasse waagrecht zu kaschieren. Das obere Bild zeigt die Front zum äußeren Gürtel, das untere die zum inneren Gürtel.

Die Station Währinger Straße mit der Front zum äußeren Gürtel; auf diesen beiden Bildern im Gegenblick gesehen. Auf dem unteren Bild rechts im Hintergrund die Volksoper, 1898 gebaut und damals Kaiser-Jubiläums-Theater genannt. Die untere Karte ist postgeschichtlich bemerkenswert. Damals durften auf der Adressenseite keinerlei Mitteilungen geschrieben sein, sodaß der Absender gezwungen war, die Bildseite dafür zu nützen.

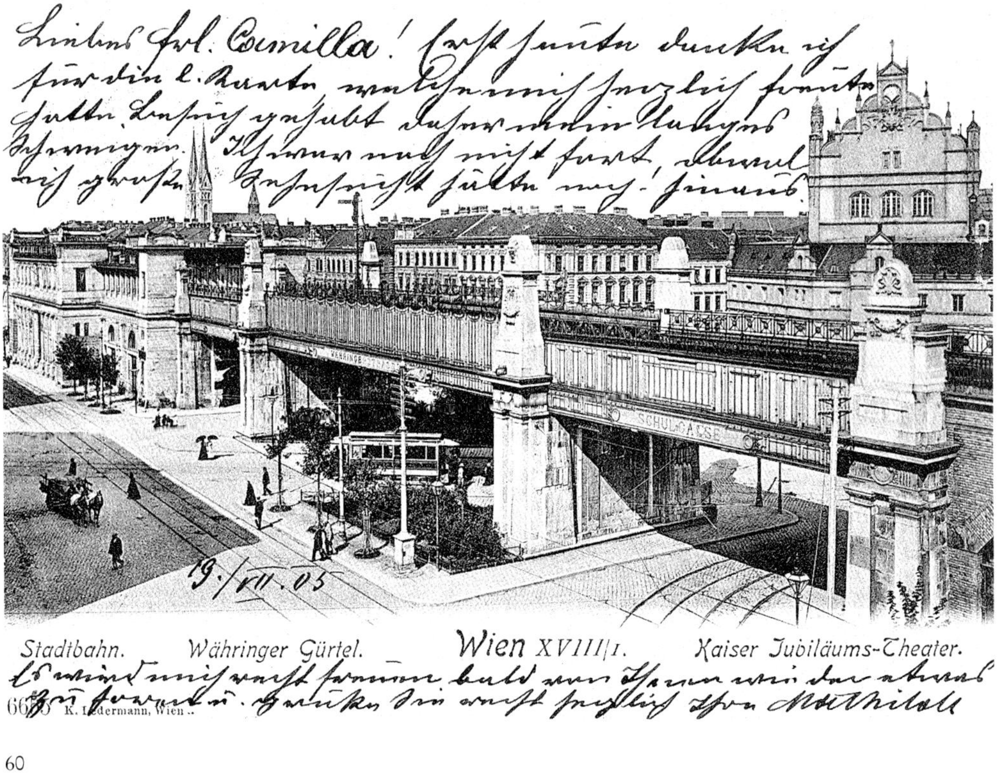

In der deutschen Zeit befand sich die Volksoper im Besitz der Stadt Wien, bot ein erstaunlich gutes Repertoire und die Stadtbahnstation hieß damals Währinger Straße-Städtische Oper.

Der niederländische Eisenbahnfreund H. G. Hesseling hielt im April 1977 einen Drei-Wagen-Zug (zwei Triebwagen, der führende heißt 2973) der Linie G mit Schrägstrich fest. Das Allgemeine Krankenhaus im Hintergrund im jahrzentelangen Bauzustand. *Foto Hesselink/Sammlung Winkel*

Die oberen Bilder dieser beiden Seiten bieten ein Panorama des Abschnitts zwischen den Stationen Währinger Straße und Nußdorfer Straße, sie sind typisch für die Anlage der Gürtellinie: Geschäfte in den Viaduktbögen, Kamine in den Pfeilern, Otto-Wagner-Gitter und begleitende Alleen. Vor der Remise eine Garnitur der Linie 8: D+k1.

Dieses Foto muß noch im Jahre 1898 entstanden sein, denn einige Geschäfte in den Bögen sind noch in Arbeit.

Dieses Bild setzt das nebenstehende gegen Norden fort. Aus der Station Nußdorfer Straße fährt eine 30er mit ihrem Zug aus.

Der Blick durch die Canisiusgasse zur Canisiuskirche. Der Zug überquert die Brücke, die auf dem Bild links deutlich zu sehen ist.

Otto Wagners Bestreben, Technik und Architektur zu vereinen, kommt in den imposanten Bogenbrücken der Stadtbahn zur Geltung, wie in jener über die Nußdorfer Straße auf dem Foto von 1898.

Auf diesem Bild, das gelegentlich der elektrischen Versuche von Siemens & Halse im Jahre 1901 entstand, sind betriebliche und sicherheitstechnische Details beachtlich. Eine Tafel markiert den Haltpunkt der 2.-Klasse-Wagen, eine weitere fordert die Fahrgäste auf, die Fahrkarten abzugeben, und schwenkbare Tafeln zeigen die Fahrziele der Züge an. Sicherungstechnisch fällt auf: das Stellwerk (auf Seite 81 unten im Gegenblick), die vielen Telegrafenleitungen unterhalb des Perrondachs, die Weichen mit Handbedienung (nur für Bauzüge), das elektromechanische Hauptsignal und knapp vor ihm das Zeichen zum ständigen Langsamfahren, das dort von 1904 bis 1920 stand.

Fortsetzung des Schwarz-Weiß-Teils auf Seite 81

Der Südkopf des Bahnhofs Heiligenstadt um 1905. Die Lokomotiven Serie 30 führten Züge der Donaukanal-, der Gürtel- und der Vorortelinie. Auch der Wagenpark war einheitlich und gestattete umsteigfreien Verkehr zu der anschließenden Vollbahn, wie hier zur Franz-Josefs-Bahn. *Aquarell von H. P. Pawlik (1974)*

Der Südkopf des Bahnhofs Heiligenstadt 1995. Auf die Vorortelinie fahren blau-weiße Triebwagen der Serie 4020. Sie könnten sogar weiterfahren bis Tulln, aber darauf warten die Fahrgäste vergeblich. Auf die Gürtellinie fährt der rot-weiße Triebwagen Reihe E6. Auf die Donaukanallinie fahren die silbrigen U-Bahn-Garnituren. Die Rathauswerbung versucht seit dreißig Jahren, für diese Wagen den Übernamen 'Silberpfeil' zu favorisieren, doch ist er in den allgemeinen Sprachgebrauch nicht eingedrungen. Dabei kennen die Silberpfeil-Einpeitscher ihn in natura offenbar gar nicht. Im *Wiener Blatt* 1/1999 schreiben sie auf Seite 18/19, daß *die alten Silberpfeile durch neue Modelle ersetzt werden,* dabei verweisen sie aber auf das Foto einer T-Garnitur. *Foto P. Bader (16. 9. 1995)*

Die imposante Brücke Otto Wagners übers Wiental im Stadtteil Gumpendorf. Am rechten Bildrand ein Gasbehälter des privaten Gumpendorfer Gaswerks, das 1856 eröffnet und 1899 stillgelegt wurde, weil damals die Gemeinde die Gasversorgung übernommen hat. *Aquarell von H. P. Pawlik (1982)*

Da die Haltestelle Pilgramgasse im Bogen liegt, wirken die Züge lebendig. *Aquarell von H. P. Pawlik (1971)*

Die Station Hauptzollamt erhielt eine markante und sehr zweckvolle Übergangsbrücke mit Stufen zu den einzelnen Gleisen. Links im Hintergrund die Einfahrt zum Waggonaufzug des Zollamts (siehe Seite 25).
Aquarell von H. P. Pawlik (1985)

Der nördliche Kopf der Station Währinger Straße. Links ein Straßenbahnwagen Type B, rechts das Rothschildspital.
Aquarell von H. P. Pawlik (1965)

Links: Franz Kopalik (1860–1931) hielt die Szenerie bei der Landstraßer Brücke fest. Sie unterstreicht, wie sich die Technik mit buntem Straßenleben verträgt. – *Oben*: 1991 brachte die Post zum 150. Geburtstag Otto Wagners eine Sondermarke mit seinem Pavillon vom Karlsplatz. – *Mitte:* Der 500-Schilling-Schein vom 1. Juli 1985 ehrt Otto Wagner. Auf der Rückseite ist das Postsparkassengebäude abgebildet, das neben der Stadtbahn zu seinen bekanntesten Werken zählt. – *Unten*: Franz Witt malte das Leben auf dem Perron von der Station Hauptzollamt. Links der Mann mit der roten Kappe ist der Verkehrsbeamte (heute: Fahrdienstleiter).

Ein Blick von der Brücke im Verlauf der Hinteren Zollamtstraße gegen die ansteigende Trasse der Verbindungsbahn zwischen Hauptzollamt und Radetzkyplatz um 1903. Von dieser Station erkennt man im Hintergrund das Aufnahmsgebäude. *Aquarell von H. P. Pawlik (1992)*

Dieselbe Situation 60 Jahre später. Der 4030.214 fährt am 1. Mai 1963 vom Nordbahnhof nach Meidling. Die vorübergehend für wichtig gehaltene orange Bemalung sollte an schienengleichen Straßenkreuzungen Autofahrer warnen. *Foto J. O. Slezak*

Nachdem uns keine Fotografien von Güterzügen auf der Gürtellinie bekannt sind, malte H. P. Pawlik einen solchen in der Abzweigung nahe der Station Nußdorfer Straße mit dem Stellwerk 2G. Auf dem unteren Bild erkennt man dieses Stellwerk 2G am rechten Bildrand bei den großen Brücken. Neben der 30er des unteren Bildes steht das Stellwerk 3G. Bezüglich Güterverkehr siehe auch Seite 10 und 139. Die Idee, die Bahnhöfe der hochliegenden Vorortelinie für die Lastenzufuhr bergab in die westlichen Stadtgebiete zu nützen, müßte in der heutigen Zeit der zahlreichen Worthülsen über Tierschutz und Ökologie größte Würdigung finden, eine solche haben wir aber in keinem der Beiträge zur 100-Jahr-Feier gefunden. Dabei erwähnen offizielle Schriften aus der Baugeschichte mehrmals, daß eben im Hinblick darauf der lokale Gütertransport – der damals fast ausschließlich auf Menschen- oder Pferdekraft angewiesen war – zu erleichtern sei. Diese Überlegung gilt auch heute noch, denn ein Lkw, der bergab fährt, braucht weniger Treibstoff. Aber in unserer Zeit bringen Lkw die Lasten aus dem zentralen Güterterminal Nordwestbahnhof von einem der tiefsten Punkte im Stadtgebiet bergwärts. *Aquarelle von H. P. Pawlik (1999 und 1973)*

Auch dieses Aquarell entstand in dem Bestreben, nicht vorhandene Bilddokumente nachzuempfinden. Der Komarek-Triebwagen im Jahre 1906 in der Haltestelle Ober Döbling. *Aquarell von H. P. Pawlik (1998)*

Die Station Hauptzollamt mit einer technischen Besonderheit. Die Signale wurden elektrisch gestellt, der Motor befand sich im Signalsockel. Im Hintergrund die imposante Markthalle.

Aquarell von H. P. Pawlik (1995)

Links: Die Sozialdemokratische Partei erzielte mit diesem Plakat von Theodor Slama (1890–1973), das den Wohnbau und die Stadtbahn-Elektrifizierung zum Thema hat, in den Gemeinderatswahlen vom 21. Oktober 1923 einen durchschlagenden Erfolg. Darüber waren sich damals die Kommentatoren einig. Sachargumente vermögen die Wähler doch stärker zu aktivieren als grinsende Politiker. – *Oben:* Die Beschränkung auf zweiachsige Wagen war damals durchaus gerechtfertigt, wenn sie auch heute oft als rückschrittlich kritisiert wird. Bei dem damals sehr gespannten Klima zwischen dem 'schwarzen' Bund und dem 'Roten' Wien ist es als Wunder anzusehen, daß der Mietvertrag für die Stadtbahn überhaupt möglich war. Da der Vertrag mit 30 Jahren begrenzt war, mußte die Gemeinde Wien vorsorgen, im Notfall die Stadtbahnwagen auf der Straßenbahn verwenden zu können. Im Foto von J. O. Slezak steht in den Anlagen von Hütteldorf ein Triebwagen Type N.
Unten: Diesen herrlichen Ausblick aus der Station Schwedenplatz (Aquarell von Ferdinand Zach um 1910, damals Ferdinandsbrücke) bietet die heutige nicht mehr. An Stelle der Stützen befindet sich heute eine durchgehende Wand.

Ing. Friedrich Schuster hielt am 23. März 1973 in Heiligenstadt die U-Bahn-Garnitur für den Probebetrieb bis Friedensbrücke fest. Die Anlagen der elektrischen Stadtbahn waren noch in Verwendung.

Ein Zug der Linie W (Triebwagen 2916) in der Station Kettenbrückengasse. Er fuhr nur bis Schottenring, weil darüber hinaus der U-Bahn-Bau schon weiterschritt. Die Fahrleitung hängt an provisorischen Jochen, um später im Gleisbereich die Stromschienen einbauen zu können. Die Gleise sind bereits wieder mehr zur Mitte verlegt und der Perron ist mit Holzbohlen verbreitert. *Foto J. O. Slezak (17. 3. 1979)*

Eine weitere Phase von der Umwandlung der Stadtbahn zu U-Bahn mit einem Zug der Linie W. Man erkennt gut den verbreiterten Perron in der Station Pilgramgasse. Die Stromschienen für die U-Bahn sind bereits montiert. *Foto K. Kohl (25. 10. 1979)*

Südlich der Station Gumpendorfer Straße war der Baukörper für die Zweiglinie zur Südbahn so weit ausgebaut worden, daß ein Weiterbau den übrigen Betrieb nicht behindert hätte. Leider wurde diese Strecke nicht gebaut und heuer wurde ein Teil der freigehaltenen Flächen zusammen mit vielen Bäumen einem Ausbau der Gürtelrennbahn geopfert. *Foto J. O. Slezak (23. 8. 1993)*

Sehr zweckmäßig erweist sich der zusätzliche südliche Ausgang der Station Burggasse-Stadthalle. Die Architektur ist durchaus modern, paßt sich aber den Otto-Wagner-Bauten an. *Foto M. Parrag (3. 5. 1998)*

Während vor 100 Jahren die Planer die Stadtbahntrasse im Bereich des Westbahnhofs zwecks kürzerer Umsteigwege eigens etwas westwärts verschwenkten, rückten sie die U-Bahn-Bauer 1989 wesentlich mehr nach Osten, um Platz für eine Untergrundstraße zu lassen, obwohl an den Bau einer solchen damals nicht einmal die Autolobby glaubte. Der gewölbte Tunnel in Monier-Bauweise gehört zur Stadtbahn, der flache zur U-Bahn. *Foto Dr. P. Slezak (4. 10. 1989)*

Sehr gefällig und zu den Otto-Wagner-Bauten passend erweist sich die neue Station Krottenbachstraße, und zwar sowohl hinsichtlich des Aufnahmsgebäudes als auch im Gleisbereich.

Fotos M. Parrag (3. 5. 1998)

Das kleine Stellwerk vor dem Ottakringer Tunnel (siehe auch Seite 124) erinnerte mich daran, daß ich in der umfangreichen Literatur zum Bau der Wiener Stadtbahn nie gelesen habe, zu einem ihrer Tunnel hätte eine Politiker(gatt)in als Schutzpatronin fungiert. Die Bauleute gedachten ausschließlich der Schutzpatronin aller Tunnelbauer, der Heiligen Barbara (siehe Seite 116). Erst der unter den österreichischen Politikern der Zweiten Republik von etwa 1970 an stark strapazierte Personenkult gebar die skurrile Praxis, anläßlich von U-Bahn-Tunnelbauten der Öffentlichkeit Politiker(gatt)innen als Paten zu präsentieren.

Das kleine Stellwerk am Südkopf der Station Ottakring. Beachtlich ist auch die doppelte Kreuzungsweiche (Engländer), welche Bauform heute kaum noch angewandt wird.

Foto Slezak (16. 11. 1964)

In der ganzen Geschichte der Stadtbahn gab es einheitliche Garnituren. Erst die Umwandlung zur U6 bescherte uns gemischte Züge. Auf der heute nicht mehr genützten Trasse von der Nußdorfer Straße nach Heiligenstadt fährt eine Garnitur mit den Wagen E6 4948, C6 1906, T 2622, C6 1923 und E6 4907. Die Type T in Niederflurbauweise erleichtert das Einsteigen, vor allem für Personen mit Kinderwagen. Daß jeder Zug solch einen Wagen mitführt, verdanken wir engagierten Politikern. *Foto K. Feuerfeil (23. 4. 1996)*

Ein Vergleich: Zwei Stadtbahn-Waggons von 1898 waren 20 m lang und hatten 96 Sitzplätze. Die vergleichbare Type T von 1992 hat nur 58 Sitzplätze, aber 136 Stehplätze, nach einem Schlüssel von sieben Fahrgästen pro m², laut 'Schienenverkehr aktuell', Heft 11/1998, Seite 30. Das erreicht fast den Wert von acht Personen pro m², welches Maß die Deutsche Reichsbahn der Verrechnung mit der SS für KZ-Transporte (stehend in Güterwagen) zugrundegelegt haben soll. Übrigens: Im T ist die Fahrerkabine klimatisiert, nicht aber der Fahrgastraum. Da hatten die paar hundert Motorführer eine erfolgreichere Interessensvertretung als die 1,7 Millionen Fahrgäste.

An derselben Stelle ein 'reinrassiger' Zug: T 2662, 2613, 2642 und 2621. Das Viadukt wirkt durchaus stadtgestaltend und sollte unter Denkmalschutz gestellt werden. *Foto K. Feuerfeil (23. 4. 1996)*

Sehr zweckmäßig war das Errichten einer Station bei der Thaliastraße. Vor 100 Jahren bestand an dieser Stelle kaum eine Fahrgastfrequenz, heute ist sie aber eine der lebhaftesten von ganz Wien.
Fotos M. Parrag (3. 5. 1998)

Südlich der Station Thaliastraße geht die Trasse in Tieflage über. Der erste Wagen trägt die Nummer 4922.
Foto M. Parrag (3. 5. 1998)

Eine 4030-Garnitur am 1. Mai 1963 im Bahnhof Landstraße (früher Hauptzollamt, heute: Wien Mitte). Die Markthalle war damals noch gut erhalten und auch die Übergangsbrücke zur gegenüberliegenden. Beachtenswert ist auch der groß angeschriebene Stationsname LANDSTRASSE, der sich wohltuend von den heute üblichen kleinen Namensetiketten unterscheidet. *Foto J. O. Slezak*

Rechts: Um 1930 fuhren auf der Vorortelinie 199er mit Südbahn-Zweiachsern. Da uns kein solches Foto bekannt ist, hat Hans Peter Pawlik 1988 solch einen Zug gezeichnet.

Unten: Die wiedererrichtete Haltestelle Speising am 28. Mai 1992 mit dem Steuerwagen 6020.064, der Richtung Penzing fährt. *Foto J. O. Slezak*

In der Spittelau trifft heute die Stadtbahn-Architektur Otto Wagners mit der Verbrennungsanlage von Friedensreich Hundertwasser (eigentlich Friedrich Stowasser, geboren 1928) zusammen. Was wohl Otto Wagner und seine Zeitgenossen dazu sagen würden?
Foto J. O. Slezak (3. 5. 1998)

Am Anfang des Bildteils (Seite 65) dokumentiert ein Foto aus unserer Zeit die bedauerliche Aufsplitterung des einst als Gesamtkunstwerk hinsichtlich Architektur und Stadtstruktur geschaffenen Stadtbahnnetzes in U4, U6 und S45. Auch das letzte Bild des Farbteils hält in Heiligenstadt diese am Fahrpark ersichtliche Unterscheidlichkeit fest. Gäbe es ein Foto dieser Örtlichkeit von etwa 1910, so stünden hier drei 30er nebeneinander.
Foto K. Feurfeil (11. 4. 1996)

Professor Mihály Kubinszky charakterisiert die Station Nußdorfer Straße in seinem Buch *Bahnhöfe in Österreich* (Seite 255) als *in der Formgebung vorausweisend*. Im oberen Bild wirkt sie richtig monumental, vor allem im Vergleich zur schlammigen Fahrbahn und zu den einfachen Pferdebahngeleisen.

Dieses Bild fotografierte der Engländer Edwin Miller im Jahre 1923 und hielt drei typisch wienerische Accessoires fest: die elegante Bogenlampe, die Litfaßsäule und die öffentliche Bedürfnisanstalt. Eisenbahntechnisch beachtenswert ist das Stellwerk neben der Brücke. Bautechnisch auffallend ist der verbreiterte Unterbau (unter dem Stellwerk) für den ursprünglich geplanten engeren Bogen zu einer Donaukanallinie in Hochlage.

Nach der Station Nußdorfer Straße verläuft die Trasse nur kurz in gerader Richtung. Der Triebwagen des Zuges der Linie 18G hat an der Stirnwand noch keine Nummer angeschrieben. *Foto WStB (1925)*

Kurz vor der Heiligenstädter Straße teilte sich die Trasse in zwei Richtungen: links nach Heiligenstadt und rechts zur Donaukanallinie (ein Zug mit dem Schluß-Triebwagen 2811). *Foto WStB (ca. 1927)*

Auf dem Miller-Foto von 1923 erkennt man links vom Bogen zur Station Friedensbrücke das Stellwerk, dessen linke Front auf dem mittleren Bild zu sehen ist.

Oben: Die Brücke des Astes vom Gürtel nach Heiligenstadt ist die längste (56 m) der markanten Bogenbrücken und wirkt besonders elegant. Der Dampftramwayzug fährt in der Heiligenstädter Straße stadtauswärts. Da die zweite Brücke (von der Station Nußdorfer Straße zur Station Friedensbrücke) noch nicht besteht, wirkt die Ansicht für uns ungewohnt. – *Mitte und unten:* Die Viaduktstrecke von der Gürtellinie nach Heiligenstadt hat nicht die markanten Otto-Wagner-Geländer. Sie waren einfach gestaltet. In den Bögen richteten Firmen Lagerräume ein, wobei viele die Möglichkeit des Gleisanschlusses zur Franz-Josefs-Bahn nützten. Josef Otto Slezak fotografierte das mittlere Bild am 15. 9. 1959, das untere (mit der 95.114) am 22. 4. 1961.

Otto Wagners Brücken über die Heiligenstädter Straße (vorne: von der Station Nußdorfer Straße zur Station Friedensbrücke, hinten: zur Station Heiligenstadt) sind Höhepunkte der Stadtarchitektur. Das Otto-Wagner-Geländer erstreckt sich nur bis zum rechten Widerlager des gemauerten Bogens, dort schließt ein einfaches Geländer an. Die Brücke über die Franz-Josefs-Bahn setzt sich auf Seite 86 (oben) fort. Der Sonderfall bezüglich des Straßenbahnwagens ist im Buch *Wiener Straßenbahn-Panorama* auf Seite 44 beschrieben.

Die gleiche Situation am Beginn des elektrischen Betriebs (um 1926).

Der Verbindungsbogen von der Station Friedensbrücke zur Brücke über die Franz-Josefs-Bahn. *Foto WStB (um 1935)*

Die Fahrt mit der Stadtbahn über die hohe Brücke beim Franz-Josefs-Bahnhof hat mich schon als Jugendlichen so fasziniert, daß ich (1940) zu Besuchen bei meinem Bruder in der Strebersdorfer Kaserne von der Haberlgasse in Ottakring nicht die naheliegende Verbindung 46-5-31/132 nahm, sondern mit dem 46er nur bis zum Gürtel fuhr, dort in den 8er oder 118er umstieg, um ab Josefstädter Straße die Stadtbahn mit der herrlichen Fahrt hoch ober den Gleisen der Franz-Josefs-Bahn bis zur Friedensbrücke (damals Brigittenauer Brücke) zu genießen. Von dort ging's mit dem 5er weiter zum 31er und 132er.

Dieser Bogen, von der Station Spittelau aus fotografiert, wird heute nicht mehr benützt. Einige der Viaduktbögen dienen jetzt als Szenenlokale.
Foto J. O. Slezak (18. 4. 1996)

Bildtext auf der Nebenseite

Den freien Platz am Ostkopf des Bahnhofs Hütteldorf-Hacking (siehe das Bild auf Seite 16 Mitte) diente der Gemeinde Wien 1925 für eine große Remise. Der Zug steht auf dem Ausfahrtsgleis Richtung Meidling. Hinter der Brücke über den Wienfluß (unteres Bild) steht – teilweise vom Anschlußhäuschen verdeckt – einer der Umformerwagen. *Fotos WStB*

Nebenseite:
Vier Fahrzeuggenerationen auf dem Verbindungsbogen der Stadtbahn über die Donaukanallinie zwischen Nußdorfer Straße und Friedensbrücke: Dampfstadtbahn mit Cu (oben), N und n1 der elektrischen Stadtbahn (Mitte) sowie (unten) N1 und n2 oberhalb des U-Bahn-Zuges 2005 und 3005 (Foto WVB) vom Probebetrieb zwischen Heiligenstadt und Friedensbrücke.

Otto Wagner hielt seinen aufwendigen Standardstil für Tiefbahn-Stationen auch an weniger frequentierten Plätzen bei, wie in Ober St. Veit.

Zwischen Ober St. Veit und Hütteldorf erwies sich bereits 1899 das Einrichten einer Blockstelle (km 0,912) als notwendig, um in diesem ansteigenden Streckenabschnitt kürzere Zugsintervalle zu ermöglichen.

Die Station Ober St. Veit und (rechts) die St. Veiter Brücke über den Wienfluß.

Anfangs trug diese Station den Doppelnamen UNTER ST. VEIT-BAUMGARTEN (Foto oben von H. Kölz / Sammlung H. Seemann). Dieses Stationsgebäude war im Krieg – wie auch jenes der Braunschweiggasse (die beiden unteren Bilder) – von Fliegerbomben so arg zerstört worden, daß beide abgerissen und weitgehend umgebaut wurden (Foto Ing. W. Kramer, 8. 9. 1974).

Viel der Stadtbahn-Architektur, welche der Krieg verschont hat, fiel nach 1945 einem falschverstandenen Fortschrittsglauben zum Opfer. Obwohl Hietzing unbeschädigt (Foto links von E. Wögerer, 1963) war, wurde Otto Wagners Stationsgebäude abgerissen und durch einen stillosen, geradezu häßlichen Bau ersetzt, der überdies verwirrende Umsteigwege erfordert (Foto P. Bader, September 1999). Dabei verschwand auch die herrliche Steinbrücke über den Wienfluß (Foto unten, Museum der Stadt Wien).

Otto Wagner errichtete aus eigenem Antrieb für den Kaiser einen Hofpavillon – die Kunstzeitschrift *Ver Sacrum* nannten ihn ein 'Bijou des Kunstgewerbes' – am östlichen Kopf der Station Hietzing, also nahe zum Schloß Schönbrunn. Die 1956 erwogene Demolierung dieses Bauwerks unterblieb glücklicherweise. Heute gehört es zum Museum der Stadt Wien als Kulturdenkmal und Höhepunkt des Gesamtkunstwerks Stadtbahn. Er dient nun als Ausstellungshalle; Besichtigung täglich (außer Montag) 13.30 bis 16.30 Uhr. Die Stiegen zum Hofpavillon wurden leider entfernt. Sie hätten einen zweiten Ausgang (näher zum Schloß Schönbrunn) geboten.

Rechts unten: Die k.k. Staatsbahnen waren keineswegs ein unflexibles Unternehmen 'verknöcherter' Beamter – wie man heute oft sagt – und verstanden es, für ihre Dienste zu werben, selbst für den nicht lukrativen Personenverkehr. Sie boten vielfältige Tarif-Arrangements, darunter auch die heute wieder sehr beliebte Kilometerbank, und hoben auch die kulturelle Seite des Bahnfahrens hervor, indem sie eine vorzüglich gestaltete Serie *Illustrierter Führer* für ihre Strecken herausbrachten. Deren Heft 34 ist der Wiener Stadtbahn gewidmet. Es unterscheidet sich von den anderen auffallend dadurch, daß es auch eisenbahntechnisch informiert und – im Gegensatz zu den anderen Heften – nicht nur landeskundlich. Auch hinsichtlich der Titelblattgestaltung weicht es ab. Die erste Auflage trägt wohl das Einheitssujet der anderen Hefte, das aber schon in der dritten Auflage einem Stadtbahnzug in der Station Gumpendorfer Straße weichen mußte. Er trägt die Zieltafel *Rekawinkel* und erinnert uns daran, daß die Dampf-Stadtbahn umsteigfreien Verkehr zwischen dem Stadtgebiet und seinem Umland bot. Will man heute von der Station Gumpendorfer Straße nach Rekawinkel fahren, so muß man zweimal (Längenfeldgasse und Hütteldorf) umsteigen!

Besondere Beachtung verdienen im Hofpavillon die prunkvoll gestaltete Auffahrtsrampe und – im Inneren – das große Gemälde von Carl Moll, das die Stadtbahntrasse im Stadtbild hervorhebt.

Fotos Museum der Stadt Wien

Die Station Schönbrunn ist heute trotz Adaptierung für den U-Bahn-Betrieb fast im Ursprungszustand erhalten geblieben, die Bahnsteigwände bleiben sogar ohne Reklame, wie auch in der Station Stadtpark. Selbst die kugelförmigen Lampen, die man im unteren Foto gut erkennt, bereichern heute wieder – nachgestaltet – das historische Ensemble. Die markante Bahnsteigsperre (Foto Ing. W. Kramer, 7. 5. 1961) ist allerdings verschwunden.

Oben: Der Abzweig-Bahnhof Meidling Hauptstraße erhielt bereits 1898 ein imposantes elektrisches Kraft-Stellwerk mit 12 Weichen und 9 Signalen (Foto Ing. W. Kramer, 30. 7. 1960).

Mitte: Auf diesem Bild von 1925 fällt die mächtige Stromzuführung vom Umspannwerk Sechshaus auf (Foto Siemens, Sammlung Herrmann).

Unten: Mit Rücksicht auf die große Fahrgastfrequenz erhielt Meidling Hauptstraße ein mächtiges Aufnahmsgebäude, das in dieser Form auf der Stadtbahn einmalig war. Links daneben bestand ein großer Gastgarten.

Das Gestalten der Anlagen und der Fahrzeuge der Stadtbahn erdachten Personen, die das 'System Eisenbahn' aus eigenem Erleben kannten. Heute entwerfen bahnabstinente Architekten Bahnhöfe, bahnabstinente Designer gestalten die Eisenbahnwagen und bahnabstinente Manager brüten Tarifsysteme aus, die selbst Bahnfunktionäre als Dschungel bezeichnen. Hans Wolfgang Hoffmann, Berliner Senator für Bauen, Wohnen und Verkehr, nannte in der Zeitschrift 'Foyer Berlin' (Heft 2/1998, Seite 8) die Art der neuen deutschen Bahnhöfe treffend 'Kaufhaus mit Gleisanschluß'.

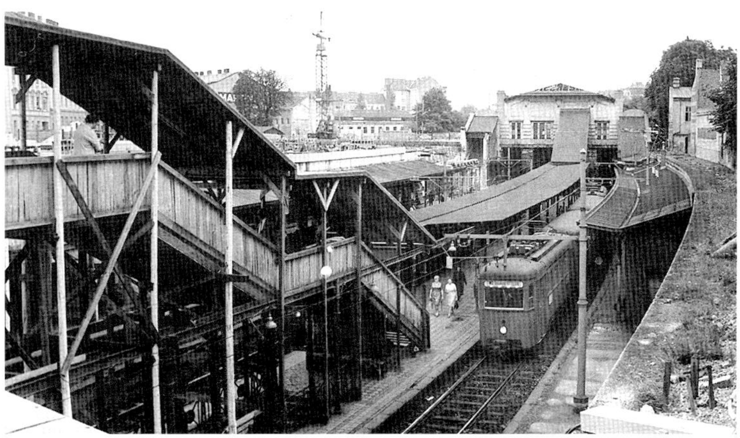

Otto Wagners prachtvolles Ensemble Meidling Hauptstraße (oben: um 1900, Sammlung F. Huschak) hat siebzig Jahre praktisch unverändert überlebt (drittes Foto: Ing. W. Kramer vom 2. 4. 1966). Das Bild läßt erkennen, daß auch ohne geplante Revitalisierung eine lebhafte Konsumlandschaft entstanden ist (Obst und Blumen, Zeitungsstand, Tabak-Trafik). Allerdings beeinträchtigen diese Zubauten die Architektur des Bahnhofsgebäudes. Selbst als sich die Nationalsozialisten 1938 (Sammlung Ing. W. Kramer) als Verpackungskünstler betätigten, fügte dies dem Bahnhof keinen Schaden zu. Trotz heftiger Proteste blieb Otto Wagners Prachtbau nicht erhalten. Der Umbau für die U-Bahn (Foto J. Hlavac, 3. 8. 1968) leitete eine Zerstörung dieses Ensembles ein, die jener von Hietzing 'ebenbürtig' ist.

Text auf der Nebenseite

An dieser Stelle haben der Bau der Stadtbahn und die Regulierung des Wienflusses das Stadtbild wesentlich verändert. Im oberen Bild im Bereich des Kobinger Stegs sind die Viadukte der Gürtellinie bereits fertig, die Wientallinie ist in Bau. Unten bietet sich der Gegenblick stadteinwärts. Das Stationsgebäude Margaretengürtel ist weitgehend fertig. Im Wienflußbett und auf der Wientaltrasse liegen schmalspurige Baugleise.
Fotos Friedrich Strauß (1898), Sammlung Museum der Stadt Wien

Nebenseite:
Die Anlagen, die auf dieser Seite abgebildet sind, bestehen – abgesehen von der großen Wiental-Brücke – heute nicht mehr. – *Oben:* Der Zug mit der Lokomotive Serie 30 kommt von der Station Margaretengürtel. Die heutige Trasse der U-Bahn (Station Längenfeldgasse) verläuft weiter südlich. – *Mitte:* Das private Gaswerk Gumpendorf blieb zunächst neben der Stadtbahntrasse bestehen und verschwand erst im Zuge der Kommunalisierung. Rechts befinden sich bereits Viaduktbögen der Rampenstrecke im Bau. – *Links unten:* In der kreuzungsfreien Einführung zum Umsteigbahnhof Meidling Hauptstraße fährt ein Zug auf der Wientallinie Richtung Meidling (Sammlung H. Seemann). Das Stellwerk, das wie ein Schwalbennest am Viadukt 'klebt', ist auch auf Seite 34 (oben) gut zu erkennen. – *Rechts unten:* Der Zug der Linie WD (Triebwagen 2905, Foto Ing. W. Kramer, 25. 8. 1973) befährt jenen Gleisabschnitt, den die 30er auf dem Nebenbild wenige Sekunden später erreicht hat.

Die Station Margaretengürtel kurz nach der Fertigstellung. Am linken Bildrand erkennt man einen Teil des Schlachthauses, das auf der vorigen Seite unten in seiner ganzen Größe festgehalten ist, und an dessen Stelle 1911 die mächtige Gewerbliche Fortbildungsschule Mollardgasse entstand.

Der Blockposten auf dem Ende des Perrons der Station Margaretengürtel (Foto Ing. W. Kramer, 9. 5. 1976), der auf dem unteren Bild vorne zusammen mit dem zugehörigen Hauptsignal aufscheint. Der Zug trägt die Zieltafel 'Praterstern', was auf die Zeit vor Inbetriebnahme der Donaukanallinie (1901) hinweist.

Die Wienfluß-Regulierung bei der Nevillebrücke, die 1854 im System Neville nach Plänen von Adam Clark, der durch die Budapester Kettenbrücke bekannt ist, erbaut worden ist.

1952 bedingte ein Erneuern der Stützmauer die vorübergehende Sperre eines Gleises. Das andere befuhren Züge in beiden Richtungen auf vier Schienen, sodaß keine Weichen notwendig waren. *Fotos F. Domesle*

An der Brücke bei der Station Pilgramgasse fällt am schönen Otto-Wagner-Geländer auf, daß es dicht genug war, um auch Kindern volle Sicherheit zu gewährleisten.

Am Ende des Perrons in der Station Pilgramgasse stand noch am 6. Juli 1970 (Foto Ing. W. Kramer) der Blockposten aus der Dampfzeit, der jenes Signal bediente, das an der Konsole auf der Stützmauer (oberhalb der Fluchtnische) angebracht war. Diese Einrichtung beschreibt Ing. Peter Wegenstein in dem Buch *90 Jahre Wiener Stadtbahn* auf der Seite 293.

In der Station Pilgramgasse stand das Ausfahrtssignal unüblicherweise ganz rechts, also beim anderen Gleis, damit durchfahrende Züge früh genug dessen Stellung erkennen können. Heute helfen in solchen Fällen mehrere Signalnachahmer.

Diese beiden Bilder von der Station Pilgramgasse dokumentieren ein wichtiges Prinzip der Stadtbahnplaner: Durchgehender Verkehr von der Stadtbahn auf die anschließenden Hauptstrecken. Die 30er mit dem Zielschild 'Purkersdorf' trägt noch, wie nur in der Anfangszeit üblich, den Schalldämpfer auf dem Rauchfang.

In letzter Zeit fordern Politiker aller Couleur Verlängerungen der U-Bahn über Heiligenstadt bzw. Hütteldorf hinaus. Einen solchen Verkehr haben leider ihre Vorgänger unterbunden. Am 21. Juni 1958 gaben sie dem Platz vor dem Westbahnhof in Europa-Euphorie den Namen Europaplatz, aber die Straßenbahnlinien ins 'feindliche' Niederösterreich (317, 360) haben sie bald darauf gekappt und Stadtbahnverlängerungen torpediert. Zürich hat den richtigen Weg beschritten: statt U-Bahn ein dichtes Straßenbahnnetz mit einem übergelagerten S-Bahn-Verkehr weit ins Umland hinaus.

Diese 30er trägt ein Zielschild 'Rekawinkel', welcher Bahnhof heute von der Pilgramgasse nur mit einem umständlichen Umsteigen in Hütteldorf und mit einem Warten auf einen Anschlußzug zu erreichen ist. Die Standortwahl für das am 20. Juli 1910 bezogene Parteihaus der Sozialdemokraten (Rechte Wienzeile 97) soll durch die Nähe zur Stadtbahnstation Pilgramgasse beeinflußt gewesen sein, weil die Züge Besuchern aus Niederösterreich günstige Verbindungen boten.

Um 1900 bestand bei der Station Kettenbrückengasse tatsächlich noch eine Brücke, die jedoch bereits die Form der geplanten Einwölbung hatte. Widerlager für diese schlossen sich an. Auf dem mittleren Bild erkennt man schwach oberhalb der Waggondächer ein Konsolensignal.

Im Bereich des Naschmarkts, der auf den eingewölbten Wienflußbereich verlegt worden war, blieb die Stadtbahntrasse mit Rücksicht auf den Dampfbetrieb offen. Der Triebwagen mit Zielschild Karlsplatz heißt 2876.
Foto J. O. Slezak (12. 10. 1980)

Die Situierung und die Architektur der Station Karlsplatz (vorgesehener Name Akademiestraße) fallen aus der übrigen Stadtbahnplanung heraus. Otto Wagner hatte ein Gesamtkonzept für den Karlsplatz entworfen mit einem großen Museum der Stadt Wien, das aber nicht verwirklicht wurde. Die Änderungen im Rahmen des U-Bahn-Baus rückten wohl die Station näher an die Wiedner Hauptstraße, aber das Anheben des Niveaus machte aus dem Karlsplatz einen Karlshügel, an den eine Autorennbahn anschließt, die den Platz durchtrennt und die Fußgänger in den Untergrund schickt. Das obere Bild von Edwin Miller (1923) läßt hinter dem Stationsgebäude das mächtige Wohnhaus erkennen, das dem U2-Bau zum Opfer fiel. Die beiden Stationspavillons von Otto Wagner blieben nach gewaltigen Protesten sogar erhalten, allerdings umfunktioniert zu Ausstellungsraum und Kaffeehaus.

Das schöne Ensemble um die Schwarzenbergbrücke, vor dem Abbruch fotografiert, verschwand im Gefolge des Stadtbahnbaus. Am rechten Rand des oberen Bildes sieht man ein Stück der Karlskirche. Das mittlere Foto hält die umfangreichen Erdbewegungen im Bereich des Musikvereinsgebäudes und des Künstlerhauses (rechts) fest. Im Hintergrund erkennt man schwach die Holzkonstruktion, welche die abgebrochene Elisabethbrücke ersetzte.

Als Edwin Miller 1923 die Station Stadtpark fotografierte, waren trotz jahrelangen Stilliegens die abschließenden Glaswände auf den Perrons einwandfrei erhalten. Die Perrons sind heute in ursprünglicher Form rekonstruiert und frei von Reklamen.

Vom Stadtpark kommend, erreichte die Stadtbahn die Station Hauptzollamt, die richtiggehend eine große Zentralstation war (Seite 19 bis 28) und heute den Namen Landstraße trägt. Kurz danach übersetzt die Trasse den Wienfluß auf einer Schrägbrücke (Foto unten von E. Schmidt, ca. 1952), die zusammen mit dem Zollamtssteg ein schönes Architektur-Ensemble bildet. Die Station Schwedenbrücke (damals Ferdinandbrücke) erhielt zwei getrennte Baukörper (oben und Mitte), die nur als Provisorium gedacht waren, weil der Neubau der Ferdinandbrücke kurz bevor stand. Wie in Österreich üblich, hielt sich das Provisorium besonders lang.

Foto H. Herrmann (29. 8. 1954)

Die tiefliegende Trasse am Donaukanal im Bereich der Inneren Stadt erhielt flußseitig eine Galerie mit gußeisernen Stützen (Foto Mitte rechts, H. P. Pawlik 1961), sodaß der Fahrgast freie Aussicht hatte. Die Trasse der Stadtbahn schwenkte um das Widerlager der Salztorbrücke (damals Stephaniebrücke, auf dem oberen Foto rechts). Dem Definitivum von 1954 (Foto Mitte links, Ing. W. Kramer, 5. August 1972) war kein so langes Leben beschieden wie dem Provisorium, denn der U-Bahn-Bau änderte die Anlage dort vollkommen und bedingt extrem lange und umständliche Umsteigwege. Kurze Aufgänge von den Stadtbahnperrons direkt ins Straßenniveau fielen einer mächtigen Autorennbahn zum Opfer. Die alte Ferdinandbrücke (gebaut 1819) behinderte nicht den Stadtbahnbau. Das abgerückte rechte Stationsgebäude (Bild unten) läßt erkennen, daß bereits eine neue, breitere Brücke geplant war, welche 1911 gebaut wurde.

Oben: Die Station Schottenring mit der 1873 erbauten Augartenbrücke, von Edwin Miller im Jahre 1923 fotografiert.

Rechts: Der südliche der langgestreckten Flügel des Stationsgebäudes erhielt später eine Verlängerung für WC-Anlagen (Foto Ing. W. Kramer, 3. Februar 1974).

Unten: Auf diesem Bild erkennt man gut den verglasten Warteraum am Ende des Perrondachs. Links die markante Rossauer Kaserne, die heute noch besteht. Beachtlich das andersgestaltete, aber nicht minder markante Geländer Otto Wagners am Franz-Josefs-Kai.

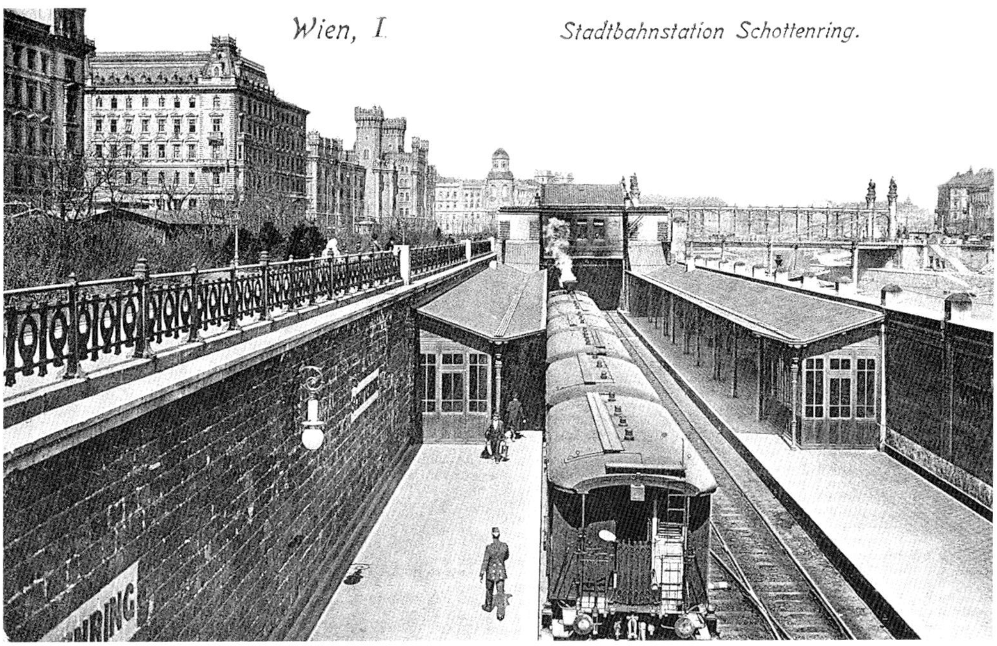

Die Station Rossauer Lände (ursprünglich Elisabethpromenade, Foto oben mit dem Fischmarkt am gegenüberliegenden Ufer) war ursprünglich in Hochlage vorgesehen. Eine frühe Bürgerinitiative erzwang Tieflage, deren Mehrkosten nur durch Verzicht auf die Verbindung von Gumpendorf zur Südbahn zu bestreiten waren, was Otto Wagner so sehr ärgerte, daß er am Stationsgebäude flußseitig diese Fratze den Bürgern entgegenstreckte. Die gute Restaurierung läßt erkennen, daß Otto Wagner für die Stationen am Donaukanal, wo Olbrich mitgearbeitet hatte, einen weicheren Stil wählte, der dennoch seine Handschrift erkennen läßt. *Fotos J. O. Slezak (3. 5. 1998)*

Am Stationsgebäude Brigittabrücke (heute Friedensbrücke) fällt auf, daß es von der Brücken-Fluchtlinie markant abgerückt wurde, mit Rücksicht auf eine breite neue Brücke. Diese Station war sogar mit einem Buffet ausgestattet und erhielt einen Mittelbahnsteig (mit großem Warteraum; Foto in GEÖ V-1, Seite 17), um das Umsteigen zu erleichtern und um Platz für ein Wendegleis zu schaffen (ähnlich wie Meidling Hauptstraße). Man erkennt gut die stark ansteigenden Viaduktbögen Richtung Nußdorfer Straße.

Das Stellwerk stammt wohl aus der Dampfzeit, diente aber auch dem elektrischen Betrieb. Der ebenerdige Baukörper davor ermöglichte das Anschließen des Umformerwagens.
Foto Ing. W. Kramer (14. 2. 1971)

Eine frühe Aufnahme oberhalb der Friedensbrücke aus der Bauzeit.

Der Blick von der Station Friedensbrücke nordwärts mit den großen Wendeanlagen aus der Dampfzeit. Die beiden äußeren, ansteigenden Gleise führen zur Nußdorfer Straße, die beiden anschließenden tiefliegenden nach Heiligenstadt. Das mittlere Gleis diente zum Wenden der Züge. *Foto WStB (um 1925)*

Am 16. April 1991 hielt Karlheinz Kohl eine Zwischenphase der Umbauarbeiten nördlich der Station Friedensbrücke fest. Der Zug fährt von der Station Friedensbrücke nach Heiligenstadt. Eine Stahlbrücke vom Wendegleis zu den Viadukten diente den Stadtbahnzügen Richtung Friedensbrücke (damals nur eingleisig).

Nördlich der Station Friedensbrücke ging die Trasse der Donaukanallinie aus der Tieflage auf einen Damm über, um die Rampengasse niveaufrei queren zu können. Vor der Brücke die Schranken für die Franz-Josefs-Bahn. Im Hintergrund der Döblinger Steg, auch ein Bauwerk im Secessionsstil, aber nicht von Otto Wagner. Heute ist die Situation dort ganz anders. Die Trasse der U4 liegt auch im Straßenniveau und ein Steg verbindet die Heiligenstädter Straße mit dem Döblinger Steg. *Foto RBD Wien (1944)*

Die Stadtbahn-Anlagen zwischen Heiligenstadt und Rampengasse waren im Zweiten Weltkrieg stark zerstört worden. Dieses Foto vom 6. Juli 1953 (G. Gilnreiner) zeigt Instandsetzungsarbeiten im Bereich vor der Rampengasse. Hier war ursprünglich eine Station Spittelau geplant.

Ein Blick vom Steg im Zug der Rampengasse stadtwärts, wie auf dem mittleren Bild. Auf den Viadukten fährt ein Zug der Gürtellinie Richtung Heiligenstadt. Dieses Viadukt wird heute nicht mehr befahren, die Bögen dienen aber weiterhin als Lagerräume. Es ist zu hoffen, daß das Denkmalamt diese Viaduktstrecke schützen wird, denn sie ist städtebaulich markant. Außerdem wirkt sie als Lärmschutzwand. Auf der Trasse der Franz-Josefs-Bahn die Garnitur 4020/6020.093. Auf der U4-Trasse fährt der nähere Zug stadtwärts, der entferntere Richtung Heiligenstadt. Ganz links die Gleisanlagen der Remise Wasserleitungswiese und dahinter die neue Station Spittelau.

Foto J. O. Slezak (30. 4. 1996)

Die Brücke der Vorortelinie über die Franz-Josefs-Bahn gestaltete Otto Wagner einfach (Foto RBD Wien, 1944), die über die Heiligenstädter Straße (Foto J. O. Slezak, 18. August 1961) dagegen mit einem gefälligen Rundbogen.

In der Station Unter Döbling senkt sich die Trasse in Tieflage. Auch heute noch umgibt sie der mächtige Wertheimsteinpark, nur halten dort derzeit keine Züge, obwohl im Unterbau die Wiedererrichtung der Station berücksichtigt ist.

Obwohl die Station Unter Döbling den Zweiten Weltkrieg unversehrt überstanden hat und 1951 sogar für den Bäderverkehr adaptiert wurde, verfiel sie später und wurde zur Gänze abgetragen. Der Vergleich des Fotos aus der Anfangszeit (oben, Sammlung Ing. W. Kramer) und vom 6. Juni 1955 (Mitte und unten, Foto Ing. W. Kramer) bestätigen das augenfällig. – Das Foto von der Vorortelinie beim Wertheimsteinpark (Nebenseite) ist ein prächtiges Beispiel für die naturnahe Umgebung dieser Strecke, die auch den Alltags-Fahrgast fasziniert, wie ich in meiner Broschüre *Ein Fahrgast sieht rot!* (1988) an einem Beispiel zeigte. Anfang Jänner 1988 kamen meine Frau und ich in einem Gasthaus mit einem Ehepaar aus Penzing ins Gespräch. Ohne daß die Dame meine Sympathie für die Eisenbahn auch nur ahnen konnte, erwähnte sie, wie sie sich freue, nun jeden Morgen mit der Vorortelinie nach Gersthof in ihr Geschäft fahren zu können, nicht nur, weil es schneller gehe als mit dem Auto, sondern auch wegen des schönen Ausblicks auf die durchfahrene Stadtlandschaft und die prächtig revitalisierten Stationsgebäude.

Ober Döbling etwa 1908: das Stationspersonal ist sichtlich stolz auf seine Dienststelle. Beachtlich wieder der verglaste Warteraum am Ende der Veranda. Der Beamte, der sich auf die Bank stützt, ist der Urgroßvater von Hans Peter Pawlik.

Auch diese Station hat den Krieg unversehrt überstanden (Foto RBD Wien, 1944), wurde ebenfalls 1951 für den Bäderverkehr aktiviert, ist aber nachher verfallen und wurde abgetragen.

Die vielen neuen Wohnbauten und die stark frequentierte Hochschule für Bodenkultur bedingten das Errichten einer neuen Station, Krottenbachstraße benannt. Der pavillonartige Überbau ist gut an Otto Wagner angelehnt, wie überhaupt die Revitalisierung der Vorortelinie viel stärker auf die alte Substanz Bedacht nahm als die der U4-Strecken. *Fotos J. O. Slezak (3. 5. 1998)*

Die drei Tunnel der Vorortelinie (Großer und Kleiner Türkenschanz-Tunnel sowie Ottakringer Tunnel) waren infolge der geologischen Struktur bergmännisch schwierig zu bauen. Zum Dank fürs gute Gelingen stiftete Stadtbaumeister Peter Kraus, der diesen Abschnitt zugeteilt erhalten hatte, im Jahre 1898 in der Krottenbachstraße (Achse zur Friedlgasse) nahe dem nördlichen Portal des Großen Türkenschanz-Tunnels eine Kapelle zu Ehren der Heiligen Barbara, der Schutzpatronin der Bergleute. Die Frontseite dieser Barbara-Kapelle ist in Form eines Tunnelportals gestaltet, ober dessen Schlußstein eine Barbara-Statue plaziert ist. Die Architektur dieses Bauwerks entspricht nicht dem Stil Otto Wagners. Die Wandmalereien im Inneren mit der Darstellung des Kaiserbesuchs beim Tunnelbau waren nach der Beschädigung durch Fliegerbomben zu Kriegsende noch erhalten. Leider wurde die Kapelle bald abgerissen.

Zwischen den beiden Tunneln im Türkenschanzpark verläuft die Vorortelinie kurz im Freien. Zum Glück baute dort die Bahn – entgegen der heutigen Praxis – keinen Grün-Tunnel, sodaß dieser Abschnitt das Erholungsgebiet belebt, sehr zur Freude der dort spielenden Kinder. Auf den drei Fotografien präsentieren sich vor dem Südportal des großen Tunnels drei Lokomotivtypen: links unten eine 99er (1C, von 1903 an auf der Vorortelinie; nach 1938 DRB-Reihe 98.13, später ÖBB-Reihe 91), rechts oben die Stadtbahn-Serie 30 und rechts unten ein Zweikuppler (kkStB-Serie 88, von 1905 an auf der Vorortelinie). – Im (ehemaligen) Krankenhaus der Kaufmannschaft ist heute eine Expositur der Universität für Bodenkultur untergebracht.

Oben: Im Gegensatz zur Brücke über die Heiligenstädter Straße konnte jene über die Gentzgasse aus topographischen Gründen einfacher gestaltet werden (Foto RBD Wien, 1944). *Mitte:* Dagegen ist das anschließende Stationsgebäude Gersthof geradezu aufwendig gestaltet. Beachtlich der Café-Kiosk hinter einer sauber beschnittenen Hecke. Links der Straßenbahnwagen 960. – *Unten:* Das Aufnahmsgebäude von Gersthof war während der ganzen Zeit gepflegt worden (Foto Ing. W. Kramer, 15. Juli 1961), wogegen alle anderen der Vorortelinie dem Verfall preisgegeben waren.

Am südlichen Ende des Bahnhofs Gersthof überspannt im Zug der Kreuzgasse eine zarte Brücke in Monier-Bauweise die Trasse, auf der soeben ein Zug Richtung Hütteldorf fährt. Die 30er trägt eine Zieltafel, welche auf der Vorortelinie selten anzutreffen waren. *Sammlung H. P. Pawlik*

Um Traktionskosten zu sparen, verwendete die Vorortelinie für kurze Züge die leichte Lokalbahn-Serie 88. Da sie aber nur vier Wagen ziehen konnte, erforderte dieser Zug von sechs Wagen, außer der 88.31, eine zweite 88er, sodaß die 'Ersparnis' mehr als aufgewogen war. *Archiv Griebl*

Im Bereich der Richthausenstraße errichtete Otto Wagner eine besonders eindrucksvolle dreifache Bogenbrücke, die durchwegs in einem Bogen lag. Die drei Teile weisen Spannweiten von 29,45 m, 36,20 m und 18,51 m auf.

In meiner Broschüre *Ein Fahrgast sieht rot!* (1988) lobte ich die Revitalisierung der Vorortelinie geradezu als verkehrspolitisches Wunder und schrieb zur lehrsamen Vorgeschichte die folgenden Zeilen. Die Bundesbahn-Zeitschrift *ÖBB in Wort und Bild* berichtete im Heft 8/1975 auf Seite 17 bis 19 über die von Dr.techn. Dipl.-Ing. Roman Jaworski, damals Vorstandsdirektor der ÖBB, geleitete Pressefahrt über die Vorortelinie. Darin heißt es unter anderem: *Frequenzuntersuchungen allerdings haben ergeben, daß der finanzielle Aufwand die schnellbahnmäßige Erschließung dieser Linie wirtschaftlich nicht rechtfertige. Auch die Wiener Verkehrsbetriebe kamen im Zuge von Untersuchungen zu dem Ergebnis, daß angesichts der zu erwartenden geringen Fahrgastfrequenzen die Errichtung einer Autobuslinie an Stelle einer Straßenbahnlinie ausreiche.* Im Gegensatz zu dieser offiziellen Ansicht, in diesem Fall sogar durch einen ÖBB-WVB-Gleichklang vertieft, meinte ich drei Jahre später (1978) in *Wiener Stadtverkehr – Illusion und Realität* (Seite 47): *Eine parallele Autobuslinie ist kein Ersatz und kann auch nicht als Test für eine Schnellbahn-Vorortelinie herhalten.* Und im Text zu einem Foto (Seite 20) faßte ich meine Auffassung zusammen: *Die Trasse der Vorortelinie bietet sich für den so notwenigen durchgehenden Schnellbahnverkehr St. Pölten–Hütteldorf–Ottakring–Heiligenstadt–Tulln geradezu an. In den Anrainerbezirken fordern ihn die Mandatare aller Parteien seit Jahren. Wann wird diese prächtige Verkehrsader endlich aus ihrem Dornröschenschlaf geweckt?* – 1979 war es so weit, und seit 31. Mai 1987 bietet sie als S45 wieder Personenverkehr, allerdings nur auf der Strecke zwischen Heiligenstadt und Hütteldorf.

Der hohe Damm der Vorortelinie mit der Brücke über die Halirschgasse. *Foto RBD Wien (1944)*

Den 52 Meter langen Halbparabelträger über die Hernalser Hauptstraße (Foto RBD Wien, 1944) errichteten die ÖBB im Rahmen der Revitalisierung in ähnlicher Form.

Der wuchtige Bahnhof Hernals hatte außermittig ein durchgehendes Vestibül nahe der Hernalser Hauptstraße. Obwohl er keine Kriegsschäden davongetragen hatte, war er weitgehend verfallen, als die Revitalisierung in Gang kam.

Das gesamte Areal des Bahnhofs Hernals zur Anfangzeit. Die Bahnhöfe der Vorortelinie waren von Anfang an zumindest gleichwertig für den Güterverkehr gedacht, weil von ihnen die Fuhrwerke bergab ins Stadtgebiet rollen konnten. Beachtlich ist die Wandstruktur nach Otto Wagner selbst auf dem Güterschuppen.

Sammlung H. P. Pawlik

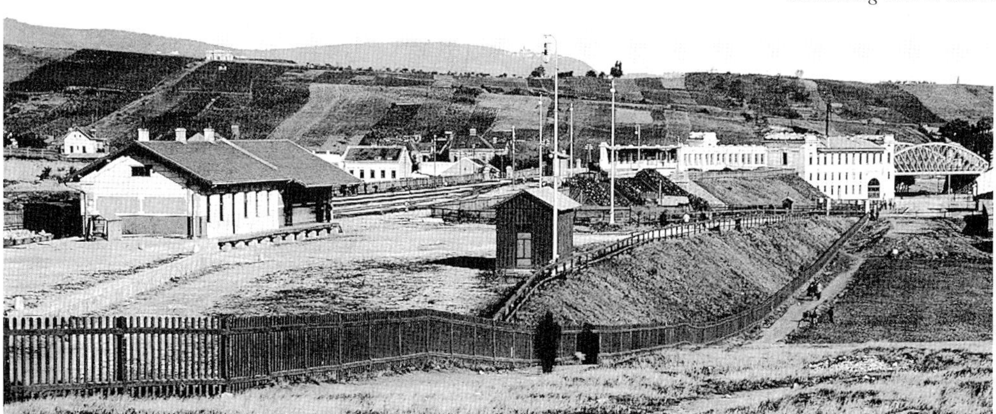

Am südlichen Ende des Bahnhofs Hernals führte ein Anschlußgleis zu den weitläufigen Hallen der Warchalowski-Werke, die auch Triebwagen bauten und nach 1945 Lokomotiven reparierten. *Foto RBD Wien (1944)*

Im Zug der Degengasse führte ein gut gestalteter Steg (Baujahr 1902) über die Vorortelinie, der leider gelegentlich der Elektrifizierung verschwand.
Foto J. O. Slezak (14. 5. 1977)

Während die Viadukte der Gürtellinie mit Klinkerziegeln verkleidet waren, findet sich auf der Vorortelinie in gleicher Form Naturstein. Statt des Otto-Wagner-Geländers begnügte man sich mit einer einfachen Version. Der Wagen 2581 fährt in der Ottakringer Straße. Die Steine für den Stadtbahnbau kamen von einem Steinbruch bei Purkersdorf über dessen Anschlußgleise direkt zu den Baustellen, ohne städtische Straßen zu belasten.
Foto J.Pospichal (1971)

Das Bahnhofsgebäude Ottakring befand sich in desolatem Zustand, als die ÖBB auf Veranlassung der Bezirksvorsteher am 2. und 3. Oktober 1982 zu Publikumsfahrten einluden, die eine Revitalisierung der Vorortelinie angestrebt hatten, weil in ihrem Bereich viele neue Wohnbauten entstanden waren.
Foto J. O. Slezak (2. 10. 1982)

Die Brücke über die Thaliastraße im Jahre 1944 (Foto RDB Wien). Obwohl die Geländer nur einfach gestaltet sind, markieren die Säulen dazwischen unverkennbar die Handschrift von Otto Wagner.

Der Güterbereich des Bahnhofs Ottakring verfügte über erstaunlich große Magazine und hat heute noch ein Anschlußgleis zur ehemaligen Tabakfabrik. Links der 4020.43, gezogen von der 2143.73, für Publikumsfahrten.
Foto J. O. Slezak (3. 10. 1982)

Oben: Die Spetterbrücke (Blickrichtung nordwärts) beim südlichen Ende des Bahnhofs Ottakring mit einem anschließenden Bogen in Monier-Bauweise (Foto RBD Wien, 1944). – *Mitte:* Eine ganz frühe Aufnahme vom südlichen Ende des Bahnhofs Ottakring (Blickrichtung südwärts) mit dem Portal des Ottakringer Tunnels. Die Trasse war damals nur eingleisig und selbst das Planum war noch nicht zur Gänze ausgebaut. – *Unten:* Obwohl der Bahnhof Breitensee den Krieg gut überstanden hatte und noch 1951 für Badezüge adaptiert worden war, ist er anschließend rasch verfallen. Auffallend die üppige Vegetation, obwohl diese Haltestelle mitten im Häusermeer liegt. *Foto E. Wögerer (1968)*

Als Ernst Wögerer das Stationsgebäude von Breitensee im Jahre 1960 fotografierte, war der Abbruch bereits im Gange. Die Elektrifizierung weckte diese Station zu neuem Leben. Das neue Aufnahmsgebäude ist in gefälligem Stil errichtet worden.

Zwei Mittelpfeiler ermöglichen in der Linzer Straße eine auffallend filigrane Brücke, die sogar Otto-Wagner-Gitter erhielt.
Foto RBD Wien (1944)

Zwischen Penzing (Foto unten) und Hütteldorf hielten die Züge der Stadtbahn sowie auch einige der Westbahn in der Haltestelle Baumgarten (Foto oben), die von 1881 bis 1950 bestanden hat. In der DRB-Zeit hieß sie von 1. Mai 1939 an Baumgartenstraße (Foto Mitte, RBD Wien, 1944). Während in der Dampfzeit Stadtbahnzüge in Hütteldorf-Hacking auf die Westbahn (meist bis Rekawinkel oder Neulengbach) übergingen, bieten die ÖBB diese umsteigfreie Fahrt heute nicht mehr, obwohl sie technisch möglich wäre.

Die Stadtbahn nützte auch die Verbindungsbahn zwischen Hauptzollamt und Nordbahnhof. Die zusätzliche Station Praterstern erforderte Erweiterungsbauten (im Stadtbahnstil). *Sammlung H. P. Pawlik*

Diese Aufnahme vom Praterstern entstand 1906 gelegentlich der Křižik-Versuche (siehe Seite 151). Sie läßt erkennen, daß damals die Platzgestalt weitaus besser als heute das Sternförmige betonte. Die Verbindungsbahn hielt sich in einem leichten Bogen mehr im Hintergrund. Heute zerschneidet sie den Platz, genauso wie die Autorennbahn dort. Im Bild vom Praterstern auf Seite 32 des Buches *Wiener Straßenbahn-Panorama* erkennt man auch die Křižik-Masten.

In der Haltestelle Praterstern war ein großes Stellwerk situiert (oberes und mittleres Foto), weil dort auch reichlich Güterverkehr lief. Es weist auffallend Stilelemente von Otto Wagner auf. Der Mittelbahnsteig bot sogar zwei große Warteräume, die dort mit Rücksicht auf häufigen starken Wind sehr wichtig waren und heute sehr vermißt werden.
Fotos RBD Wien (1944)

Das hervorragendste Objekt der Verbindungsbahn ist die 69 Meter lange Bogenbrücke über den Donaukanal, 1884 errichtet an Stelle der 1860 gebauten Kettenbrücke nach System Schnirch, deren Widerlager heute noch bestehen. Der Treppelweg beim linken Widerlager, den gerade ein Fußgänger benützt, diente – entsprechend ausgebaut – von 1914 an der Preßburger Bahn. Im Hintergrund die Franzensbrücke. Der 10-Wagen-Zug mit der 30er fährt zum Hauptzollamt. *Foto Fr. Strauß (29. 4. 1900) / Museen der Stadt Wien*

Dieselbe Situation, Blick ebenfalls flußaufwärts, mit einem 7-Wagen-Zug zum Praterstern.

Wieder dieselbe Situation mit Blick flußabwärts. Die 178er zieht ihren Zug zum Praterstern.

Oben und Mitte: Die Haltestelle Radetzkyplatz im Jahre 1899 (mit einem Akkumulator-Straßenbahnwagen) und im Jahre 1944 (Foto RBD Wien). Sie war zunächst auch im Schnellbahnkonzept vorgesehen, wurde aber nicht wieder errichtet. – *Unten:* Die Verbindungsbahntrasse im Bereich der Station Rennweg, die damals allerdings im Vergleich zur jetzigen etwas abseits lag. Die Bahntrasse verläuft hier im Bett des ehemaligen Wiener Neustädter Kanals.

Von der Station Rennweg bis zur Station Favoriten (Foto Mitte von E. Miller, 1923) blieb die Trasse in Tieflage und erhielt gelegentlich der Adaptierung für die Stadtbahn keine Um- und Zubauten. Nach Durchfahren des Steudeltunnels (Foto unten mit Stadtbahnzug nach Ober Hetzendorf), kommt sie nach Unterqueren der Südbahntrasse und der Laxenburger Straße wieder ans Tageslicht und steigt aufs Niveau der Südbahn (Foto oben, Museum der Stadt Wien) an, der sie von der Kliebergasse bis Meidling in gleicher Höhe folgt.

Die Stadtbahnzüge befuhren auch die Donauländebahn. Die Kaiserin-Elisabeth-Bahn (Westbahn) hatte sie bereits im Jahre 1861 bis Meidling errichtet und 1872 bis Kaiserebersdorf verlängert zum Anschluß an die damals noch sehr bedeutende Donauschiffahrt. Das Wächterhaus in der Haltestelle Speising läßt den Westbahn-Stil erkennen. Die heutige Station Speising liegt an derselben Stelle und bietet einen guten Zugang zum Lainzer Spital, dessen Kirche man auf dem mittleren Bild ober der Veranda erkennt. *Sammlung H. Seemann*

Der Bahnhof St. Veit an der Wien (nahe der Hietzinger Hauptstraße) um 1895 mit einem Zug (Lokomotive Serie 18) der Südbahn, die den Betrieb auf dieser kkStB-Strecke besorgte.

In den Zügen vom Westbahnhof über Penzing, Oberlaa und Klein Schwechat nach Kaiserebersdorf und weiter über Zwischenbrücken und Brigittenau nach Heiligenstadt liefen nicht nur Stadtbahnwagen, sondern auch ältere Bauarten. In diesem Fall hat die 99er sogar einen Abteilwagen in ihrer Garnitur.

Die beiden eingleisigen Brücken über den Donaukanal (61,6 Meter) und den Winterhafen (90 Meter) sind 1880 gebaut und im April 1945 gesprengt worden. Ein gutes Foto enthält Band 50 von *Bahn im Bild* (Seite 87). Die Strecke in diesem Bereich ist nicht aufgelassen. Eine Wiedererrichtung war mehrmals erwogen worden und wäre immer noch möglich.

Fotos J. O. Slezak (24. 10. 1962 und 24. 6. 1959)

Die auf der vorigen Seite erwähnte lange Verbindungsstrecke fast rings um Wien erhielt bei Heiligenstadt eine Brücke über den Donaukanal, die zweigleisig trassiert, aber stets nur mit einem Gleis belegt war. Gelegentlich des Autobahnbaus ist sie verschwunden, obwohl sie im Krieg nicht gesprengt und von Güterzügen zwischen Heiligenstadt und Brigittenau benützt worden war. *Foto RBD Wien (1944)*

Der Bau der Stadtbahn entlang des Donaukanals erforderte ein leistungsfähiges Sperrwerk bei Nußdorf an Stelle des Sperrschiffs. Otto Wagner hat die Brückenköpfe besonders imposant gestaltet. Heute beeinträchtigt die Autobahntrasse dieses Ensemble schwer. Auf der Wehrbrücke verlief ein Breitspurgleis (Spurweite 1690 mm) für einen Arbeitswagen, der die Schützen des Sperrwerks heben und herablassen konnte.

Für die Planer der Stadtbahn stand unumstößlich fest, daß deren Züge auf den anschließenden Hauptbahnstrecken ins Umland weiterfahren müssen. Deshalb verzichteten sie sogar auf den vielleicht rationelleren Elektrobetrieb, der damals übrigens ohnehin noch nicht ausgereift war. Das obere Bild entstand etwa 1905 in Hadersdorf-Weidlingau. Die Strecke war damals bloß zweigleisig. Am Stadtbahnzug fällt das Verladen eines Fahrrades im Halb-Gepäckwagen CDu auf, wogegen heute Fahrräder in den Triebwagen die übrigen Fahrgäste behindern. Im mittleren Bild liegen bereits die zusätzlichen lokalen Gleise von 1911, die bis Unterpurkersdorf eine viergleisige Westbahn schufen.

Die viergleisige Westbahn in der Station Purkersdorf Sanatorium. Die Halle im Hintergrund gehört bereits zum Bahnhof Unterpurkersdorf. Die BBÖ erweiterten dort die alte Salonwagenhalle 1923/26 unter Verwenden eines Flugzeughangars aus dem Ersten Weltkrieg zu einer 'Saisonwagenhalle' zum wintersicheren Remisieren von Waggons des sommerlichen Ausflugsverkehrs. *Foto RBD Wien (1944)*

Text auf der Nebenseite

Wie richtig es war, von Anfang an Übergangsverkehr von der Stadtbahn auf die Hauptbahn einzurichten, zeigen diese beiden Seiten. Für den regen Ausflugsverkehr am Wochenende waren auffallend großzügige Erweiterungen notwendig. Unterpurkersdorf (links oben) erhielt eine lange Veranda. Das mittlere Bild erinnert daran, daß starker Nahverkehr neben Fernverkehr und Gütertransport durchaus zu bewältigen war. Rekawinkel (links unten) erhielt eine Übergangsbrücke, wie auch viele andere Stationen der Westbahn und auch der Franz-Josefs-Bahn. Auf dem Amateurfoto rechts unten von 1903 steht ein Stadtbahnzug in der Wendeanlage bereit. Das Bild darüber zeigt einen Stadtbahnzug zwischen Eichgraben und Neulengbach. Das obere Bild ist geradezu symbolisch für den Eisenbahnverkehr in der ersten Hälfte unseres Jahrhunderts. Der Orient-Express mit einer 206er begegnet einem Stadtbahnzug mit einer 30er auf dem Viadukt bei Neulengbach.

Die 30er fährt um 1908 mit Volldampf die beträchtliche Steigung beim Eichgrabner Viadukt aufwärts.

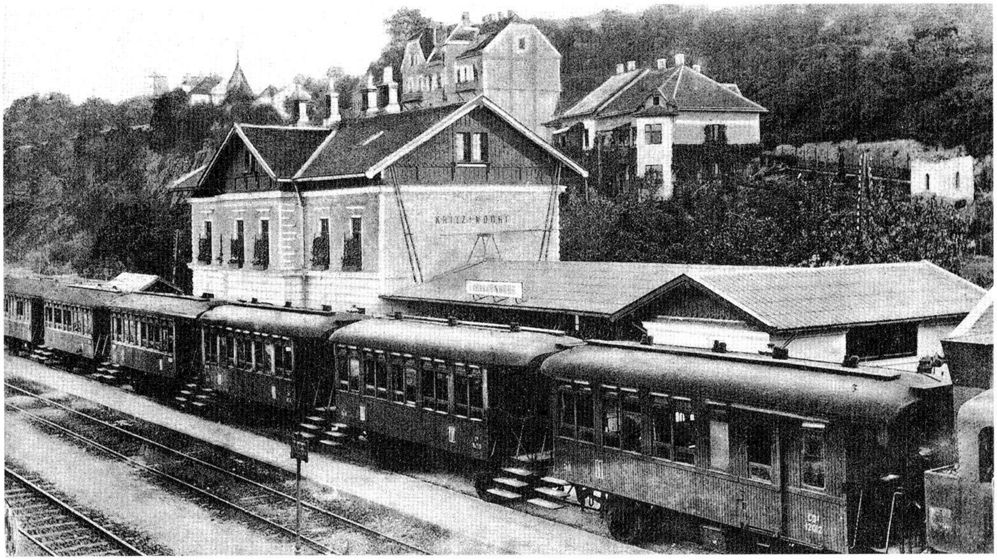

Auch auf der Franz-Josefs-Bahn boten Stadtbahnzüge einen regen Ausflugsverkehr. Dabei behalf sie sich nicht nur mit der Serie 30 (Foto Mitte in Kritzendorf), sondern auch mit der Serie 178, die zehn Stadtbahnwagen und einen zusätzlichen Gepäckwagen (bei der nördlichen Einfahrt Nußdorf) zieht (Foto unten).

Weil man fast nie Fotografien mit Güterzügen auf der Stadtbahntrasse findet, meinen viele Autoren, solche seien gar nicht gefahren. Manche fühlen sich sogar bemüßigt, den Stadtbahnplanern zu erklären, daß ein Güterverkehr nur nachts möglich sei. Das wußten diese aber auch selber und erwähnen es immer wieder. Schon am 24. Dezember 1893 betonte das *Illustrierte Wiener Extrablatt* in einem fünf Seiten langen, reich illustrierten Bericht über die Stadtbahnplanung mehrmals, daß auch Lastenverkehr (während der Nachtstunden) und sogar ein Anschlußgleis für den *Approvisionirungsverkehr* zum Naschmarkt vorgesehen sei. Ein Bericht aus dem Jahre 1908 gibt genaue Zahlen über den Güterverkehr auf den inneren Stadtbahnstrecken (ohne Vorortelinie) an und betont, daß sie an Aufkommen so manche Lokalbahn übertreffen. Nur einem Unfall verdanken wir die Fotografie des Stadtbahn-Güterzugs Nr. 4087, der am 8. Mai 1902 auf der Weiche 110 im Bahnhof Heiligenstadt entgleist war. Die Maschine 13005 (nach 1905: 30.105) erhielt die Zieltafel kopfstehend aufgehängt, um zu zeigen, daß sie ungültig ist. – *Unten:* Bahnhof Gersthof um 1920.

Noch im Jahre 1955 kam die Milch von Aschbach an der Westbahn in Bahn-Containern per Nachtsprung bis Gersthof, Pferde brachten sie zum Feinverteiler, sodaß der Konsument die Milch bedeutend frischer erhielt, als es heute trotz modernster Lkw der Fall ist.

Fotos J. O. Slezak (25. 9. 1955)

Vier Jahre früher hielt Hellmuth Fröhlich (Archiv Griebl) Rangierarbeiten im Bahnhof Gersthof fest. Die T 56 3136 ist mit einem erstaunlich langen Güterzug von Heiligenstadt gekommen. Einige Wagen stellt sie zum Magazin bei, darunter auch Milch-Container. Seit 1982 liegen dort nur mehr die durchgehenden Streckengleise. Auf dem ehemaligen Gütergelände sind Firmen untergebracht, die sich ausschließlich des Lastautos bedienen und mit solchen die städtischen Straßen und die Umwelt belasten.

Karl Gölsdorf (1861 bis 1916) begann bereits am 17. Dezember 1892 die Konstruktion der Stadtbahn-Lokomotive Serie 30, also lang vor Beginn des Streckenbaus. Am 20. Juni 1895 lieferte die Lokomotivfabrik Floridsdorf die 3001. Diese überaus gut gelungene Maschine hat den Erwartungen voll entsprochen. Insgesamt wurden bis 1901 von dieser Type 113 Lokomotiven geliefert, die sich nicht nur auf der Stadtbahn bewährten, sondern auch auf der Tauernbahn. Das obere Foto läßt die beiden unterschiedlichen Formen des Schalldämpfers der Vakuumbremse erkennen: die 3017 (links) hat auf dem Rauchfang einen kragenartigen Aufsatz, wogegen auf der anderen 30er der Schalldämpfer harmonischer gestaltet ist.

Foto Puchinger (5. 8. 1898) / Sammlung Kreutz

Die 3001, die sehr oft auf Werksbildern (z. B. *Lokomotivbau in Alt-Österreich,* Seite 266) zu sehen ist, hielt ein Amateur im Betrieb fest. Sie ist die einzige mit sektorenförmigen Gegengewichten.

Ein wunderschönes Betriebsbild von der 3059 in Heiligenstadt, auf dem man gut den Fülltrichter erkennt.

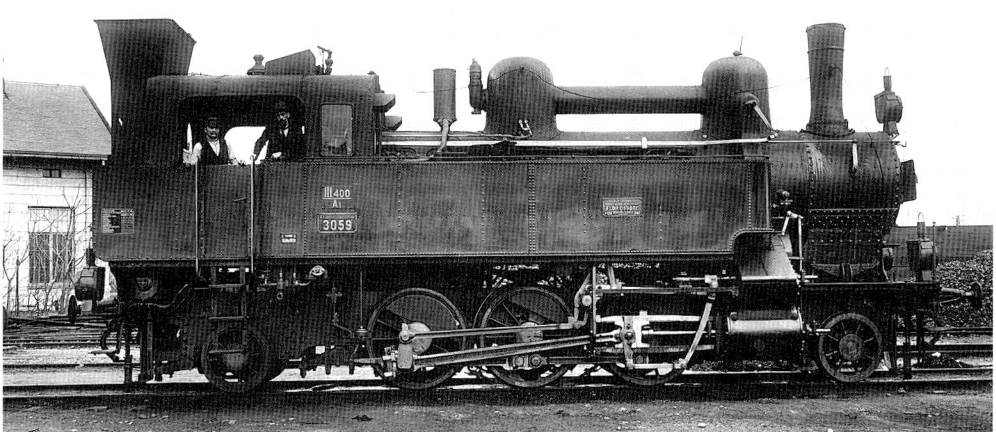

Die fahrgastfreundlichen Zieltafeln gestaltete Wien nach dem Vorbild Berlins, dessen Stadtbahn bereits 1882 ihre Lokomotiven so betafelt hatte. Auf dem Stögermayr-Foto der 30.87 vom 23. April 1913 (in Heiligenstadt) ist bereits die zweite Version der Wiener Tafeln zu sehen, die ein Variieren mit kleineren Tafeln ermöglichte, sodaß das Personal nicht an jeder Endstation mit den schweren Schildern hantieren mußte. Das untere Bild (3059 in Hütteldorf) zeigt, daß die Tafel jeweils auch auf der Hinterfront der Lokomotive angebracht war mit Rücksicht auf das 'Stürzen' in den Endstationen. Der Fülltrichter hieß im Eisenbahner-Jargon treffend 'Hose'. Dank dieser durchdachten Fülleinrichtung konnte eine Lokomotive in fünf Minuten ihre Vorräte an Wasser und Brennstoff, der mit Rücksicht auf die langen Tunnel ein Gemisch aus Kohle und Koks war, ergänzen. – Eine Einzelnummernliste der Serie 30 mit Baudaten und Kassierung (bzw. DRB-Nummer) enthält das Buch *BBÖ-Lokomotiv-Chronik 1923–1938* auf Seite 29/30; jene im Bestand der DRB, bzw. ÖStB bis 1953 (90.1001 bis 1033) finden sich in dem Band *Deutsche Reichsbahn in Österreich* auf Seite 138.

Eine offenbar gestellte Aufnahme aus dem Jahre 1901: die 13004 (von 1905 an 30.104) mit einem 10-Wagen-Zug (zwei CDu und acht Cu).

Die 3084 mit der ersten Variante der Zieltafel in der Station Hauptzollamt.

Die 13007 (von 1905 an 30.107) in Heiligenstadt. Am rechten Bildrand fällt der Frostschutz am Wasserkran auf.

Den vom Norden kommenden Nizza-Express brachten zwei 30er vom Nordbahnhof über Hauptzollamt nach Meidling. Hier setzte sich eine dritte 30er ans andere Ende des Zuges und zog ihn in den Südbahnhof.

Neben der Serie 30 war die 178er für die Streckenverhältnisse der Wiener Stadtbahn gut geeignet. Man sieht sie auf allen Linien. Hier steht die 178.21 um 1913 in der Station Unter Hetzendorf zur Abfahrt nach Heiligenstadt bereit.

Foto Lemmel / Sammlung Herrmann

Eine 178er mit Zieltafel 'über Verbindungsbahn nach Hütteldorf' im Heizhausbereich von Hütteldorf um 1910. Am linken Bildrand beim Wasserkran ebenfalls eine 178er.

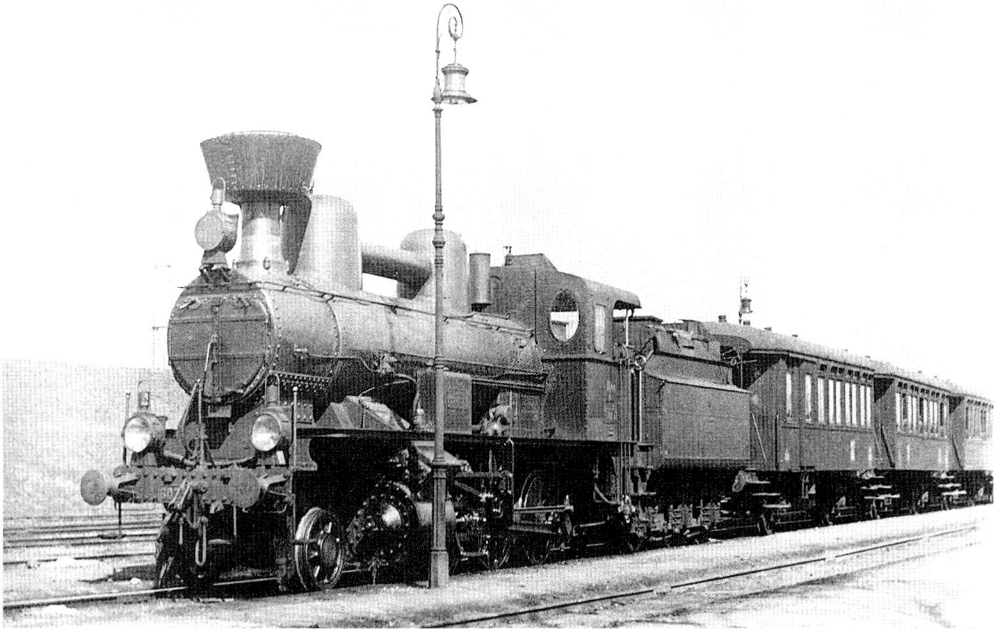

Die Serie 60, deren Laufwerk bis auf die Schleppachse dem der 30er entspricht, besorgte den Güterdienst auf der Verbindungsbahn, übernahm aber mitunter auch Stadtbahnzüge, wie hier um 1912 in Unter Hetzendorf fotografiert. *Foto Lemmel / Sammlung Herrmann*

Den kleinen Zweikuppler 86.01 baute Krauss-Linz 1905 eigens für Versuchsfahrten auf der Vorortelinie. Er war von allen Versuchsfahrzeugen das sparsamste und erreichte 75 km/h. Offensichtlich war er jedoch zu schwach, sodaß er nach Görz übersiedeln mußte.

Die Lokalbahntype 99, von 1897 an gebaut, übernahm auch Stadtbahnzüge auf der Vorortelinie und auf der Verbindungsbahn.

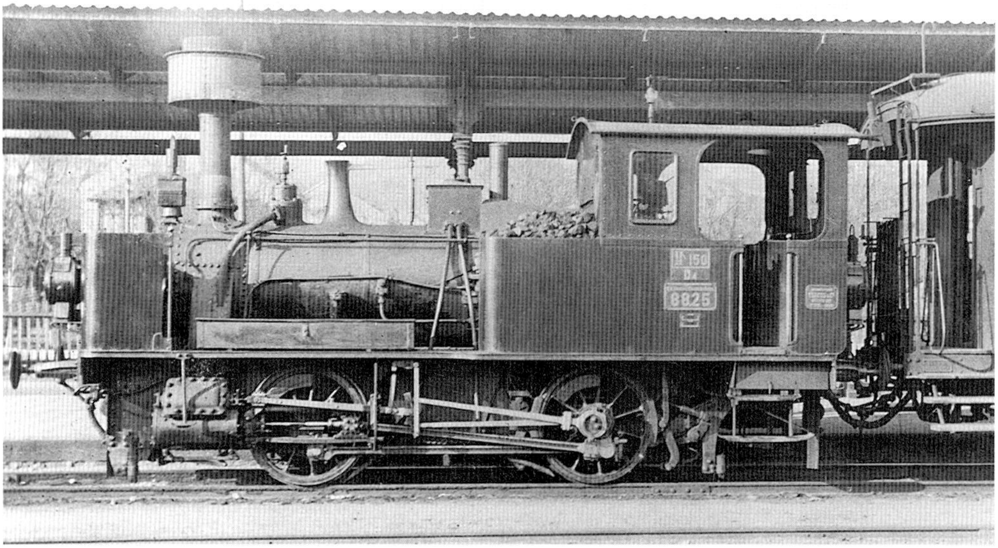

Die Zweikuppler-Serie 88 hat im Versuchsbetrieb sehr gut entsprochen und sie bewährte sich vor den Vier-Wagen-Zügen der Vortortelinie. Die 88.25 um 1908 in Hütteldorf.

Der von der Firma Komarek im Jahre 1905 zu den Versuchsfahrten beigestellte Dampftriebwagen, damals treffender Motorwagen genannt (Komarek-Type V, kkStB-Serie 1.100), hatte einen stehenden Dampfkessel, dessen Leistung ein filigranes Triebwerk auf eine Achse übertrug. Das Foto unten zeigt ihn im Westbahnhof, das mittlere ist das einzige uns bekannte, das ihn im Stadtbahnbetrieb (in Heiligenstadt) zeigt. Daher hat einen Zug mit ihm Hans Peter Pawlik 1998 (siehe Seite 71) nachempfungen.

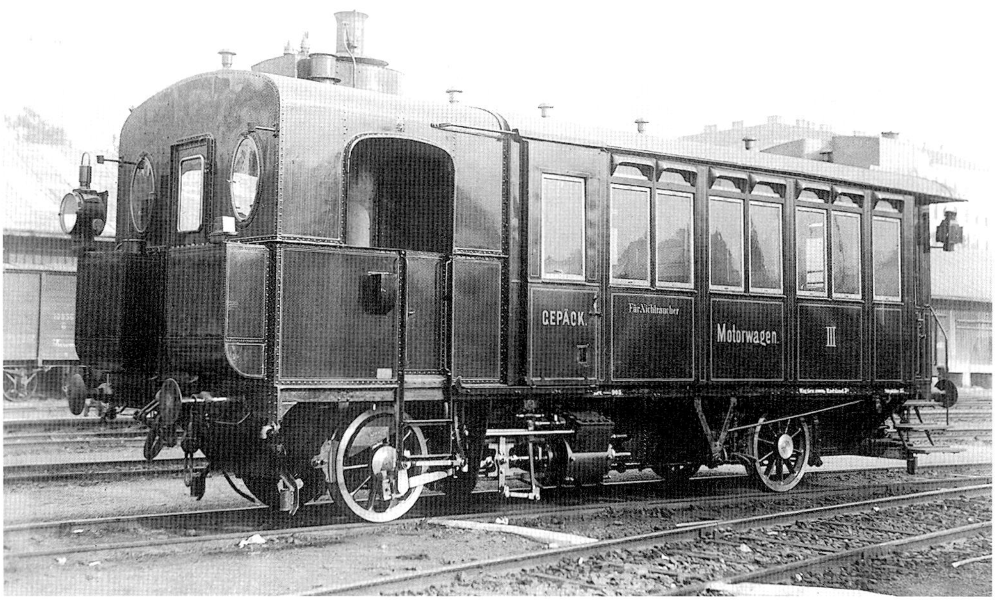

Der 1895 gebaute Versuchswagen Ci 9000 (i = Interkommunikationswagen, heute sagen wir Durchgangswagen) der Fabrik Ringhoffer hatte sogar Messingziffern, wie sie auf hochwertigen Wagen üblich waren. Der Wiener Stadtbahn kam eben im Bahnumfeld von Anfang an ein hoher Stellenwert zu. Dieser Wagen hatte eine bewegte Geschichte. Von 1912 an hieß er Cu 35-286 (u = Untergrundbetrieb), die BBÖ bezeichneten ihn als Cu 33292, die DRB nannte ihn Ci 206541. In der sowjetischen Besatzungszeit trug er die Nummer T 199376.

Der 1901 gebaute Personenwagen mit Gepäckabteil CDu 12172 (von 1912 an CDu 39-371, BBÖ 34668, DRB CPwi 207836) hieß zuletzt im ÖBB-Bestand CPwi 47526 (wie auf dem Foto von Mag. Alfred Luft). 1958 ging er den Weg allen alten Eisens. Von Anfang an war in jedem Zug als erster und als letzter Wagen solch ein CDu eingereiht, dessen Gepäckraum mitunter mit Behelfssitzen ausgestattet war. Es war nämlich anfangs geplant, auf allen Stationen Gepäck aufgeben zu können. Diese zweifellos kundenfreundliche Praxis, die aber mit hohem Personalaufwand verbunden gewesen wäre, wurde allerdings nicht verwirklicht. Gepäckaufgabe war nur in den Stationen Hütteldorf, Heiligenstadt, Hauptzollamt, Gersthof, Hernals und Ottakring möglich. Nur die beiden CDu eines jeden Zuges verfügten über ein WC (mit – sehr hygienisch – Fäkalbehälter).

Am 1897 gebauten Zweite-Klasse-Wagen Bu 4223 (von 1912 an Bu 13-023, BBÖ Cu 33530, DRB Ci 206753, Kriegsverlust) ist der große zylindrische Behälter für das Ölgas der Beleuchtung beachtlich.

Als eine für den Nahverkehr bestimmte Type fallen die Zweite-Klasse-Wagen ausgesprochen luxuriös auf. Beachtenswert ist die Tür mit Klinken auf beiden Seiten, die ein wechselseitiges Aufschlagen ermöglichen, jeweils entsprechend der Lage des Perrons. Diese an sich praktische Idee (System Belcsak & Rohrwasser) hat sich nicht bewährt. Drückten Fahrgäste von innen und von der Plattform aus gleichzeitig jede der beiden Klinken, so kippte die Tür aus den Angeln. Von 1927 an wurden die Türen umgebaut.

Siemens & Halske richteten 1901/02 auf einer 3,8 km langen Strecke der Stadtbahn (zwischen Michelbeuern und Heiligenstadt) einen elektrischen Versuchsbetrieb ein, mit Mittelschiene und Stromrückführung durch die Fahrschienen. Auf diesem Bild erkennt man zwei fünfteilige Garnituren, die zu einem 10-Wagen-Zug zusammengestellt sind.

Während die U-Bahn heute vollkommen sicher ist, weil die Stromschienen oben abgedeckt sind, liegen sie hier frei, nur mit zwei seitlichen Leisten abgegrenzt, sodaß Fahrgäste und Bahnpersonal sehr gefährdet waren. Beachtlich ist auch das zweiflügelige Einfahrtssignal für Michelbeuern, das von dort aus elektrisch bedient wurde. Die Siemens-Züge fuhren nur versuchsweise, aber nicht mit Fahrgästen.

Foto Siemens / Sammlung Herrmann

Siemens baute für den Versuchsbetrieb in den Gepäckteil eines CDu den Führerstand ein. An der vorderen Achse befand sich der Stromabnehmer, auf der hinteren der Motor. *Sammlung Bezirksmuseum Simmering*

Im Fahrgastteil des Motorwagens (CDu) war elektrische Beleuchtung und elektrische Heizung installiert, obwohl dies Fahrgäste gar nie nützen konnten. *Sammlung Ing. W. Kramer*

Ein zweites Mal versuchte die Stadtbahn elektrischen Betrieb, und zwar 1906 auf dem Abschnitt zwischen Hauptzollamt und Praterstern nach dem System von František Křižik (1847–1941) aus Prag. Die Maschinenfabrik der Staatseisenbahn-Gesellschaft baute die Lokomotive WIEN mit der Nummer 1. Auch hier blieb es beim Versuch, aber immerhin benützte die Lokalbahn Tabor–Bechyn (Bechyně) dieses System von 1903 bis 1935. Hans Peter Pawlik malte 1967 einen solchen Versuchszug (auf der Donaukanal-Brücke, Fahrt Richtung Hauptzollamt).

Die dreipolige Lokomotive WIEN im Gelände der Lokomotivfabrik vor der Ablieferung (1906). *Sammlung H. Herrmann*

Die Lokomotive WIEN besorgte, auf 3000 Volt umgebaut, als ČSD E225.001 von 1925 bis Mai 1962 Rangierdienst im Prager Hauptbahnhof. Nach einem kurzen Dasein auf einem Sockel im Bahnhof Praha-Střed erhielt sie am 1. Juni 1974 einen Ehrenplatz in der Außenstelle Čelákovice des Prager Technischen Museums. *Foto J. O. Slezak (Prag, 11. 6. 1961)*

Die Elektrifizierung der Stadtbahn im Bereich oberhalb der Station Meidling Hauptstraße mit Hilfe von einigen Waggons und der Lokomotive Nr. 19 der Dampftramway.
Foto Ing. F. Schuster (1924)

Der Wagen 2785 (1925 in Graz gebaut) im elektrischen Versuchsbetrieb. Diese schöne und zugleich sehr robuste Bauart hat sich 40 Jahre hindurch bestens bewährt. Weniger bewährt hat sich die Vorschrift EIN und AUS. Dieser Hinweis verschwand bald. Er erwies sich, wie zwei spätere ähnliche Versuche, als unrealistisch. Im Massenverkehr bewährte sich nur Einfaches und kein krampfhaftes Reglementieren. Das zeigte auch 30 Jahre später der am Grünen Tisch ausgebrütete 'Fahrgastfluß', der als zäheste 'Abfertigung' in die Verkehrsgeschichte einging. Als nicht günstig erwies sich auch die Konstruktion der Teleskop-Schiebetüren, obwohl sie 1923 im Wagen 3100 (Foto im *Wiener Straßenbahn-Panorama* auf Seite 110) erprobt worden waren. Weil schwer zu handhaben, ließen die Fahrgäste sie meist offen. *Foto WStB (1925)*

Im Gelände des Bahnhofs Michelbeuern hält ein Versuchszug mit 'Verversuchs-Fahrgästen' (Straßenbahner).
Sammlung H. P. Pawlik

In der Mitte des Führerstands erkennt man den für die Type N typischen kleinen Fahrschalter. Die Handkurbel rechts davon wirkte auf die Handbremse, die jedoch – im Unterschied zur Straßenbahn – im Betrieb nicht notwendig war. Daneben befindet sich das Führer-Bremsventil für die durchgehende Druckluftbremse, die auf den ganzen Zug wirkte. Der Innenraum war fahrgastfreundlich und betriebsgerecht gestaltet: bei der Eingangstür Längssitze, in der Mitte Quersitze mit zweckentsprechenden – und nicht nur symbolischen – Gepäcksträgern. *Fotos Ing. Kramer (4. 4. 1959 und 22. 1. 1961)*

Im Gegensatz zur Straßenbahn bot die Type N dem Fahrer einen (aufsteckbaren) Sitz. Die linke Hand bediente in der Regel den Fahrschalter, die rechte die Druckluftbremse. Ein Zugbegleiter gab dem Fahrer das Zeichen zur Abfahrt. Auf dem rechten Bild, das in der Station Unter St. Veit entstand, erkennt man auch den ehemaligen Blockposten am Perronende und die Brücke der Verbindungsbahn. *Foto Ing. F. Schuster (1925)*

Ein Sieben-Wagen-Zug mit den Typen N und n1 in Michelbeuern um 1960. Der erste Triebwagen trägt die Nummer 2755. *Foto WVB*

Der Vergleich der Type n (Wagen 5515, gebaut 1925) und n2 (Wagen 5914, gebaut 1958) läßt einen Fortschritt erkennen. Das Kuppeleisen, die Druckluftschläuche und das Steuerkabel konnte nun ein einziger Baukörper, eine automatische Mittelpuffer-Kupplung, ersetzen. Dadurch fiel das gefährliche händische Kuppeln weg. Weniger fortschrittlich war, daß die Gemeinde Wien wieder nur Zweichser bauen ließ, obwohl sie nun in Besitz der gesamten Anlagen war und keine Gefahr bestand, Wagen zur Straßenbahn überstellen zu müssen.
Foto J. O. Slezak (18. 11. 1960)

Eine der neuen Garnituren von 1954: der Triebwagen N1 Nr. 2898 mit drei Beiwagen Type n2 und einem Triebwagen N1 am Schluß.
Foto WVB

1925 schuf die Gemeinde Wien mit der Linie 18G, die bei der Station Gumpendorfer Strasse aufs Straßenniveau (Linie 118) wechselte, eine sehr kundenfreundliche und technisch ausgereifte Lösung, die damals arg kritisiert wurde, heute aber als vorbildlich mehrfach angewandt (Karlsruhe, Straßburg, Saarbrücken) oder zumindest erwogen (Linz, Salzburg) wird. Kritiker unterstellten der Gemeinde Wien sogar, sie hätte den 18G nur deswegen eingerichtet, damit der 'rote' Paradebezirk Favoriten auch etwas von der elektrischen Stadtbahn hätte.

Von der Kirche Maria vom Siege um 1925 aus fotografiert. Links verläßt ein 18G die Stadtbahntrasse und erreicht bald darauf im inneren Gürtel das Straßenniveau. Rechts ein Straßenbahnzug auf dem äußeren Gürtel. Dessen Verbindungsgleis zur Stadtbahntrasse erkennt man fast nicht, es ist von den Baumkronen weitgehend verdeckt. *Fotos WStB*

Die Stadtbahntrasse bei der Kirche Maria zum Siege: ein Zug auf der Gürteltrasse und ein zum inneren Gürtel ausschwenkender 18G (Streckenplan auf Seite 49). *Foto WStB (um 1930)*

Die Situation auf dem äußeren Gürtel: zwei Züge der Linie 8 und ein 18G, der vom Straßenbahngleis auf die Stadtbahn wechselt. *Sammlung Barta*

Der 18G hatte im Straßenniveau weitgehend einen separierten Gleiskörper, was einem Stadtbahngleis fast ebenbürtig ist. Heute wären vom Zug gesteuerte Ampeln notwendig. Dennoch hat die Gemeinde Wien 1967 die Straßenbahntrasse unterirdisch gelegt, was die Fahrt nicht wesentlich beschleunigt, sondern nur dem Auto mehr Platz schuf. – *Oben:* Ein Schulwagen für den 18G vor der imposanten Zollabfertigung auf dem Südtiroler Platz. – *Mitte:* Der 2701 auf der separierten Trasse des Wiedner Gürtels. Die Tafel 'Zug 61' hatte nur innerbetrieblichen Wert. – *Unten:* Von der Stadtbahnbrücke bei der Station Gumpendorfer Straße aus erkennt man, daß der 18G ein kurzes Stück auf dem Gleis des 57ers fuhr, um in die 118er-Trasse auf dem äußeren Gürtel einzuschwenken. *Foto WStB*

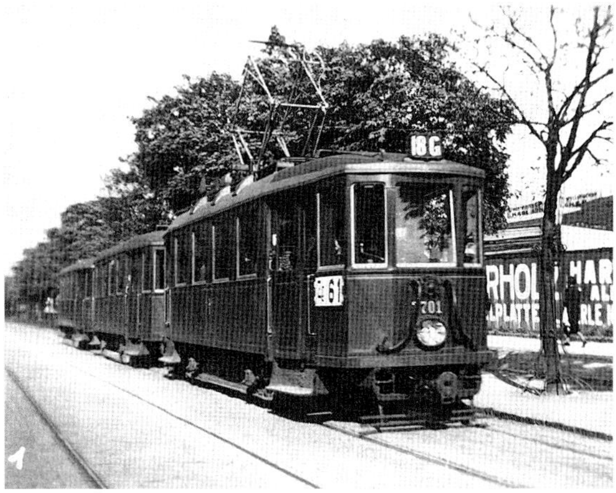

Der Rückgang der Stadtbahnfrequenz in den Krisenjahren nach 1932 setzte einige Stadtbahnwagen frei. Auf der Linie 60 lösten sie veraltete Straßenbahnwagen ab. Sie erhielten die Züricher Lichtkupplung (Näheres im *Wiener Straßenbahn-Panorama* auf Seite 109). Der Zug mit dem Triebwagen 2719 hält bei der Maurer Pfarrkirche St. Erhard, die 1934/36 nach Plänen von Clemens Holzmeister umgebaut und verkleinert wurde, um die Straßenbahn zweigleisig ausbauen zu können. Ein Vergleichsfoto vom eingleisigen Betrieb bietet das Buch *Strassenbahn in Wien – vorgestern und übermorgen* auf Seite 137. *Foto WStB*

Die Abfahrtsstelle des 60ers (Wagen 2719) bei der Hietzinger Brücke am 15. Jänner 1961. Die Stadtbahn-Station Hietzing befand sich damals, wie man sieht, in einwandfreiem Zustand und es war eine architekturgeschichtliche Fehlleistung, sie abzureißen.
Foto J. O. Slezak

Ein Stadtbahnzug am 4. Oktober 1964 in Rodaun: der Triebwagen N 2727 mit den n1-Beiwagen Nummer 5708 und 5734.
Foto J. O. Slezak

Die Ausbaupläne von 1964
Näheres auf Seite 14

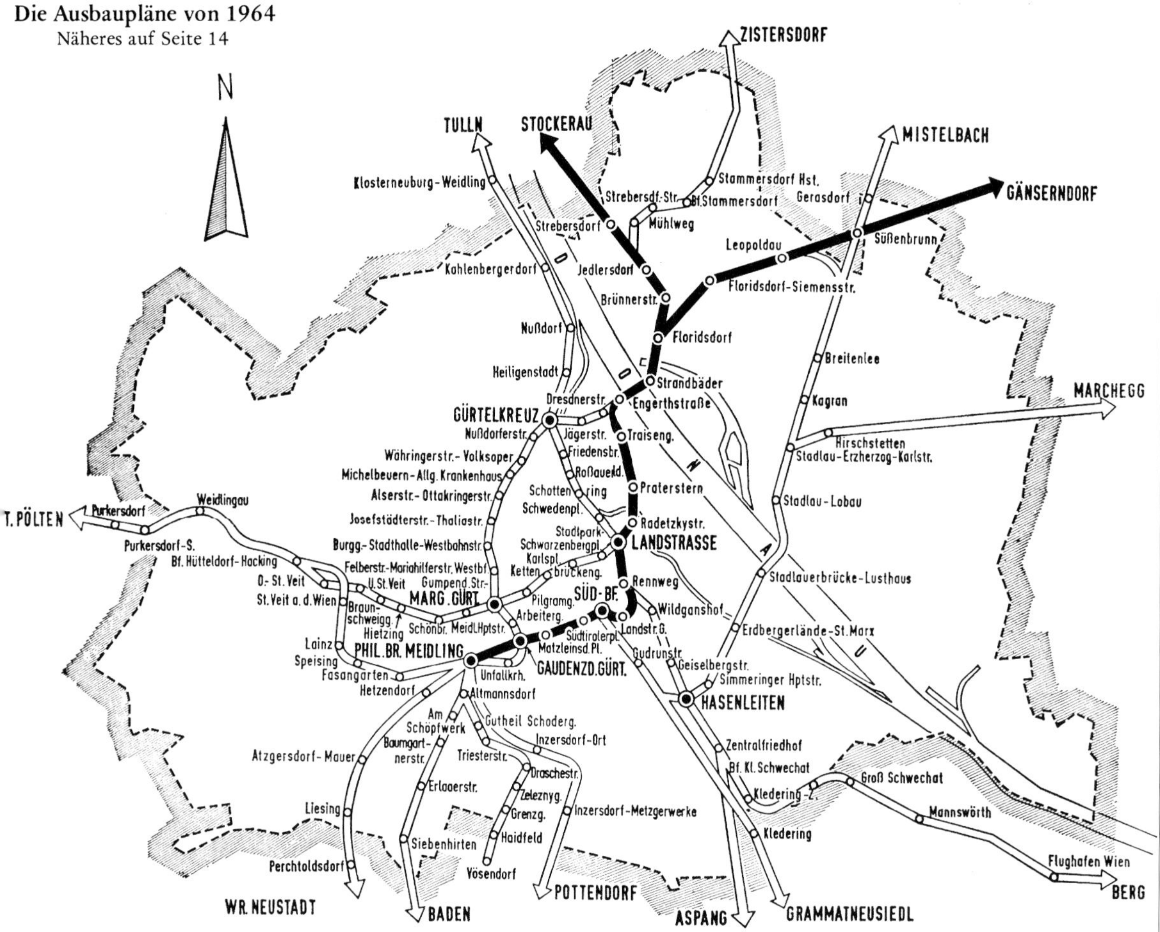

Literatur

Aus Platzmangel enthält diese Liste nur eine kleine Auswahl der benützten Literatur.

Graf Otto Antonia: *Otto Wagner*, 3 Bände, Wien 1990

Horn Alfred: *Reihe 30 und der Dampfbetrieb auf der Wiener Stadtbahn*, Wien 1969 *)

Horn Alfred u. a.: *75 Jahre Wiener Stadtbahn*, Wien 1974

Horn Alfred u. a.: *90 Jahre Wiener Stadtbahn*, Wien 1988

Kassal-Mikula Renata: *Stadtbahn-Hofpavillon Hietzing*, Wien 1989
(Nicht im Buchhandel, Verkauf im Historischen Museum)

Kolb Günter: *Otto Wagner und die Wiener Stadtbahn*, 2 Bände, München 1989 *)

Kubinszky Mihály: *Bahnhöfe in Österreich – Architektur und Geschichte*, Wien 1986
(Seite 68: Wiener Stadtbahn **)

Kurz Ernst: *Die städtebauliche Entwicklung der Stadt Wien in Beziehung zum Verkehr*, Wien 1981

Marincig Harald: *Die Wiener Stadtbahn*, Wien 1998 (Nicht im Buchhandel, Verkauf durch WVB)

Schlöss Erich: *Die Wiener Stadtbahn – Gürtellinie*, Wien 1984

Schlöss Erich: *Die Wiener Stadtbahn – Wiental- und Donaukanallinie*, Wien 1987

Schlöss Erich: *Die Vorortelinie*, Wien 1987 *)

Sheaffer M. P. A.: *Otto Wagner – Tradition und Moderne*, Wien 1997 *)

Slezak Friedrich: *Ottakringer Arbeiterkultur*, Wien 1982 **)

Spängler Ludwig: *Die Wiener elektrische Stadtbahn*, Wien 1927 (Als Nachdruck lieferbar *)

Wegenstein Peter: *Die Wiener elektrische Stadtbahn*, Wien 1981 *)

Wegenstein Peter: *Die Vorortelinie in Wien*, Wien 1987 *)

*) Derzeit (Herbst 1999) noch im Handel. Die Buchhandlung Josef Otto Slezak, Wiedner Hauptstrasse 42, A-1040 Wien, liefert an Endbezieher in alle Welt.

**) Lieferbar vom Verlag Slezak, Wiedner Hauptstrasse 42, A-1040 Wien, auch an Händler.

Eisenbahn- und Straßenbahnbücher aus dem Verlag Josef Otto Slezak

Wiedner Hauptstrasse 42, A-1040 Wien, Telefon (01) 587 02 59 oder 587 13 47

IAL 1	Lokomotivfabriken Europas	90,–
IAL 2	Verzeichnis der dt. Lok.	vergriffen
IAL 3	Schmalspurig durch Österreich	690,–
IAL 4	Deutsche Kriegslokomotiven	vergriffen
IAL 5	Kahlenbergbahn (bei Wien)	vergriffen
IAL 6	Györ-Sopron-Ebenfurt-Bahn	vergriffen
IAL 7	Der Giesl-Ejektor	vergriffen
IAL 8	Lokomotiv-Athleten (2. Auflage)	590,–
IAL 9	EB-Panorama Böhmen-Mähren	vergr.
IAL 10	Lok. ziehen in den Krieg, Bd. 1	vergr.
IAl 11	CSD-Dampflok., 2 Bde.	vergriffen
IAL 12	Lokomotiven der Rep. Österreich	490,–
IAl 13	BBÖ-Lokomotiv-Chronik	360,–
IAl 14	Deutsche Reichsbahn in Österreich	490,–
IAL 15	Lokomotivfotos 1938/53	in Arbeit
IAL 16	Krauss-Lokomotiven	vergriffen
IAL 17	Dampflok Jugoslawien	vergriffen
IAL 18	Salzburger Lokalbahnen	vergriffen
IAL 19	Lok. ziehen in den Krieg, Bd. 2	360,–
IAL 20	Dampftramway Krauss, Wien	vergriffen
IAL 21	100 Jahre Badner Bahn	vergriffen
IAl 22	Eisenbahnen in Finnland	360,–
IAL 23	Dampfparadies auf 60-cm-Spur	60,–
IAL 24	Hofsalonwagen d. Badner Bahn	40,–
IAL 25	NÖ Südwestbahnen	290,–
IAL 26	Lokomotivbau in Alt-Österreich	490,–
IAL 27	Dampfbetrieb in Alt-Österreich	490,–
IAL 28	Die Ära nach Gölsdorf	490,–
IAL 29	Lok. ziehen in den Krieg, Bd. 3	360,–
IAL 30	Aspangbahn	440,–
IAL 31	Stammersdorfer Lokalbahn	vergriffen
IAL 32	Mödling-Hinterbrühl	240,–
IAL 33	Wechselstromlok. Öst./Dt.	360,–
IAL 34	Jenbach-Achensee	270,–
IAl 35	Gaisbergbahn (Salzburg)	240,–
IAl 36	Renaissance der Schmalspurbahn	vergr.
IAL 37	Anatomie der Dampflokomotive	vergr.
IAl 38	Südbahn-Lokomotiven	360,–
IAl 39	Mödling-Laxenburg (kartoniert)	140,–
IAL 40	Kanal, Nostalgie, Aspangbahn	390,–
IAl 41	Lokomotiven der Bulg. Stb.	440,–
IAl 42	Von Salzburg nach Bad Ischl	440,–
IAl 43	Schmalspurbahn-Aktivitäten in Öst.	440,–
Straßenbahn in Wien (1865-1972)		vergriffen
Mod. Triebwagen der Salzburger Lokalbahn		90,–
Wiener Straßenbahnwagen – Listen		vergriffen
Wiener Straßenbahnwg. – Technik/Fotos		240,–
Linienplan Straßenbahn Nürnberg 1938		30,–
Verzeichnis der SF-Züge vom 6.10.1941		120,–
Kursbuch Polen 1942 (Nachdruck)		190,–
Liste der belgischen Lokomotiven 1835/39		20,–
Mittenwaldbahn (Bildband)		180,–

Dampf in der Puszta (Bildband Ungarn)		180,–
Schmalspurig nach Mariazell (Bildband)		vergriffen
Wagons-Lits, das exquisite Reisen (Bildband)		240,–
Berliner Verkehrsgesellschaft 1934		180,–
Stbf. 3	BBÖ-Reihe 570/113	36,–
Stbf. 4	kkStB-Serie 6/106/206/306	36,–
Stbf. 5	kkStB/BBÖ-Reihe 30 (Stadtbahn)	60,–
Stbf. 6	BBÖ-Reihe 280/380/580	36,–
Stbf. 7	kkStB/BBÖ-Reihe 110/10	36,–
Stbf	1, 2, 8 bis 12, E1 bis E6	vergriffen
ESA 1	ÖBB-Schlepptenderlokomotiven	30,–
ESA 2	ÖBB-Tenderlokomotiven	vergriffen
ESA 3	ÖBB-Elektrolokomotiven	vergriffen
ESA 4	ÖBB-Diesellokomotiven	30,–
ESA 5	ÖBB-Triebwagen	30,–
ESA 6	Liliputbahn Wien-Prater	30,–
ESA 7	U-Bahn-Wien	30,–
ESA 8	Straßenbahn Wien	30,–
ESA 9	Schafbergbahn (St. Wolfgang)	30,–
ESA 10	Salzkammergut-Lokalbahn	vergriffen
ESA 11	Murtalbahn	vergriffen
ESA 12	Österreichs Museumsbahnen	30,–
ESA 13	ÖBB-Schmalspurlokomotiven	30,–
ESA 14	Lokalbahn Wien-Baden	30,–
ESA 15	Semmeringbahn	vergriffen
ESA 16	Obus in Österreich	30,–
ESA 17	Heizhaus in Strasshof	vergriffen
ESA 18	Schneebergbahn bei Wien	30,–
Straßenbahn Ybbs (2., erweiterte Auflage)		60,–
Wien-Raaber und Gloggnitzer Bahn		60,–
Waldbahnen in Österreich		vergriffen
Umrechnungstabellen 1:45 / 1:87		10,–
Sonderfahrten des Vereins d. Eb.freunde		68,–
Ein Fahrgast sieht rot!		60,–
Da staunt das Vorsignal		390,–
Gelenktriebwagen d. Badner B. (2. Auflage)		90,–
Straßenbahn in Graz		290,–
Architektur an der Semmeringbahn		vergriffen
Budweis–Linz–Gmunden (1106 mm)		vergriffen
Typenblätter öst. Dampflokomotiven		220,–
Typenblätter öst. E- und Diesellokomotiven		220,–
Stadtschnellbahnen der Sowjetunion		190,–
Schnellzüge überwinden Gebirge		490,–
Straßenbahn Klagenfurt		240,–
Südbahn-Fahrplan Winter 1913		120,–
Kursbuch Österreich 1914		690,–
Kursbuch Ungarn 1914		660,–
Kursbuch Balkan 1914		90,–
Bahnhöfe in Österreich		490,–
Öst. Taschenfahrplan Sommer 1928		590,–
Öst. Taschenfahrplan Sommer 1937		590,–
Österreichische Personenwaggons		vergriffen

IAL = Internationales Archiv für Lokomotivgeschichte / Stbf. = Steckbriefe österreichischer Lokomotiven ESA = Eisenbahn-Sammelhefte / Preise (in öS) und Liefermöglichkeiten basieren auf dem Stand vom Sommer 1999. Preisänderungen vorbehalten. Versand in alle Welt (ab Mindestbestellwert von öS 120,–)

== Lieferung durch den lokalen Buchhandel oder direkt vom Verlag ==

Orientirungs-Karte
über die den Verkehr zwischen den
WIENER BAHNHÖFEN
vermittelnden
Eisenbahnen.
Station Nussdorf
Station Heiligenstadt
Ober-Döbling
Unter-Döbling
Nussdorferstr.
Station Gersthof
Währingerstr.
Station Michelbeuern
K.F.J. Bahnhof
Rossauer-Lände
Station Hernals
Vorortelinie
Alserstr.
Josefstädterstr.
Gürtellinie
Station Ottakring
Burggasse
Station Hütteldf.-Hacking
Breitensee
Westbahnhof
Haltestelle Westbahnhof
Wienthallinie
Baumgarten
Station Penzing
Gumpendorferstr.
Pilgram-G
Ober-St.Veit
Station St.Veit a.d.Wien
Wien-Fluss
Margarethen-Gürtel
Lainz
Unt.St.Veit Baumgarten
Braunschweig-Gasse
Hietzing
Schönbrunn
Meidling-Hptstr.
Station Meidling
Speising
Station Maxing
Ob.Hetzendorf
Station Unt.Hetzendorf
Hetzendorf
Friedhofstr.
Altmannsdorf
Südbahn
Haltestelle Inzersdorf
Atzgersdorf
Liesing
Station Inzersdorf
Stand von 1998 (Blauer Überdruck, gezeichnet von Alfred Laula)
/// Umsteigen erforderlich
X Personen-Haltestelle aufgelassen
XXX Strecke abgebaut oder eingestellt
○○○ Personenverkehr eingestellt
═ Neubau (U-Bahn)
== 1901 ==